AF476332

LA

ROTATIVE AMÉRICAINE BEHRENS

ET LA QUESTION

DE LA

STABILITÉ DES MACHINES

OUVRAGES DU MÊME AUTEUR

Traité des appareils à vapeur de navigation. 3 vol. in-8, avec atlas de 28 planches et 17 tableaux de dimension. Prix . . . . 45 fr.

Manuel de l'ouvrier chauffeur de la flotte. 1 vol. in-8 avec atlas de 7 planches. Prix. . . . . . 12 fr. 50

SOUS PRESSE

Les nouvelles machines marines. (Idées actuelles sur la constitution intime des corps ; éléments de thermodynamique. — Les trois cylindres. — Le Woolf. — Les condenseurs à surface. — La rotative Behrens. — Les nouveaux modérateurs marins. — Les chaudières Belleville.) — Stabilité et équilibration des appareils. 1 vol. in-8 avec atlas de 7 planches.

PARIS. — IMP. SIMON RAÇON ET COMP., RUE D'ERFURTH, 1.

A. LEDIEU

PROFESSEUR D'HYDROGRAPHIE DE LA MARINE, ETC., ETC.

LA ROTATIVE AMÉRICAINE BEHRENS

ET LA QUESTION DE LA STABILITÉ DES MACHINES

PUBLIÉ AVEC L'AUTORISATION DE SON EXC. LE MINISTRE DE LA MARINE ET DES COLONIES

PARIS

DUNOD, ÉDITEUR

LIBRAIRE DES CORPS IMPÉRIAUX DES PONTS ET CHAUSSÉES ET DES MINES

49, QUAI DES GRANDS-AUGUSTINS, 49

1870

PREMIÈRE PARTIE

LA ROTATIVE AMÉRICAINE BEHRENS

§ I. — Considérations générales.

§ I. — **1. La rotative Behrens à l'Exposition universelle de 1867.** — En parcourant la grande galerie des machines à l'Exposition universelle de 1867, on remarquait, dans un coin de la section américaine, une petite machine à vapeur rotative qui commandait une pompe de même espèce. Bien des gens passaient indifférents auprès de ce modeste engin. De temps à autre seulement, quelque ingénieur ou quelque mécanicien s'arrêtait pour considérer l'appareil et jeter les yeux sur un prospectus fort incomplet, qui suffisait à peine pour révéler le caractère éminemment original et ingénieux du système. Cette machine si délaissée représentait cependant la seule invention véritablement digne de ce nom qui figurât à l'exposition dans la classe presque innombrable des appareils moteurs. Personne ne conteste, en effet, que les gigantesques et brillantes machines qui excitaient à un si haut point l'admiration des visiteurs et les sympathies du jury international, n'offraient en elles-mêmes aucun principe nouveau : c'étaient, si on veut, des applications parfaitement réussies de dispositions et de combinaisons connues depuis longtemps, qui même avaient été successivement essayées et abandonnées auparavant, et dont la plupart ne devaient leur succès actuel qu'à l'extrême perfection à laquelle est arrivé aujourd'hui le travail des métaux ; mais enfin il n'y avait pas là d'invention. La machine Behrens présentait, au contraire, tous les caractères d'une solution heureuse et tout à fait pratique d'un problème de mécanique appliquée qui a exercé la sagacité des mécaniciens les plus distingués, et qui jusqu'alors n'avait abouti qu'à des insuccès. Nous voulons parler de la question des *machines rotatives*.

Ces machines offrent sur les machines ordinaires une série d'avantages qu'il importe de rappeler ici.

§ I. — **2. Avantages fondamentaux des rotatives en général.** — Les avantages communs à toutes les rotatives peuvent se résumer ainsi qu'il suit :

1° L'organe moteur communique directement à l'arbre de couche son mouvement de rotation. Par conséquent, les tiges de piston, les bielles, les manivelles, etc., disparaissent au bénéfice de la simplification du mécanisme.

2° Il n'y a plus ici à se préoccuper des frottements développés sur les glissières ainsi qu'aux pieds et aux têtes de bielle, et qui non-seulement déterminent des pertes de travail utile, mais encore sont susceptibles de produire des échauffements considérables dans les allures rapides. On dira peut-être que, dans les rotatives, ces frottements sont reportés en partie sur les organes qui se meuvent à l'intérieur du cylindre. Mais d'abord il y a moyen de les atténuer d'une manière notable au moins dans le Behrens (voir 2ᵉ partie, § V-3). En second lieu, le développement de calorique qui en résulte, au lieu de se communiquer en pure perte à l'air ambiant, se transmet alors au cylindre, lui donne une température plus élevée et augmente ainsi la force de la vapeur. De leur côté, les échauffements peuvent être prévenus grâce à l'étendue des portages qu'on a la facilité de donner aux pièces mobiles.

3° Le mouvement des rotatives, au lieu d'être alternatif, est continu. Elles sont donc aptes à éviter les pertes de forces vives qui, par suite d'abord de l'imparfaite rigidité des pièces mobiles et ensuite de leur incomplète élasticité, proviennent, dans les machines ordinaires, du changement incessant de vitesse des pistons et de tous les organes de transmission de mouvement et surtout du renversement du portage de ces organes à chaque bout de course. Or ces pertes sont employées non-seulement à modifier l'état moléculaire des pièces, mais encore à augmenter un peu les vibrations générales de l'appareil expliquées au § Iᵉʳ de la deuxième partie de ce travail.

4° En conjuguant ensemble plusieurs rotatives, on peut, bien plus facilement que dans les machines ordinaires, combiner (2ᵉ partie, § V-3) les positions relatives des organes moteurs de manière à rendre presque invariable le rapport entre le couple de rotation des forces motrices et le couple analogue des forces résistantes, ou plus simplement en général de manière à obtenir une certaine constance du couple moteur de rotation, attendu que d'ordinaire le couple résistant conserve sensiblement la même intensité dans le cours de chaque révolution. Or cette circonstance est tout à fait favorable à la stabilité de l'appareil sur ses assises. De plus, il en résulte une nouvelle diminution de pertes de forces vives de même nature que celles dont nous venons de parler en 3°, et qui sont d'autant plus marquées que le couple moteur de rotation est plus variable.

5° Les autres causes que l'inconstance du couple moteur qui influent sur la stabilité des appareils, et dont l'effet est d'ailleurs bien plus considérable, peuvent s'annuler à peu près entièrement et d'une manière toute naturelle dans les rotatives (2ᵉ partie, § V-1 et 2). Ces machines se prêtent par conséquent à la suppression presque complète des vibrations et oscillations des pièces d'assises, bâtis, cylindres, etc. Or cette suppression, outre son avantage propre, offre incidemment celui de restreindre les pertes de forces vives.

En raison de ce dernier avantage, joint à ceux de même nature signalés en 3° et 4°, et aussi grâce à la diminution de l'influence des frottements mentionnée en 2°, *le rendement organique*, c'est-à-dire le rapport du travail sur les pistons au travail sur l'arbre de couche, se trouve amélioré d'une manière notable dans les machines rotatives.

L'avantage de la *stabilité* en particulier est d'une importance capitale pour les appareils à rotation rapide. Car, si l'économie géométrique de ces appareils ne se prête pas naturellement à une certaine stabilité, ou que les combinaisons qu'il est pratiquement loisible d'adopter ne soient pas suffisantes pour l'obtenir, toutes les parties de la machine entrent au bout de quelques minutes de marche dans un état violent de trépidation. Cet effet s'accroît du reste avec la variabilité du couple moteur de rotation, et augmente un peu aussi dans les machines ordinaires par suite de l'imparfaite rigidité des organes qui participent au mouvement de va-et-vient.—Pour les locomotives, ces circonstances rendent leur *allure déhanchée* dans tous les sens ; et, pour les machines dites *fixes*, surtout à grande puissance, elles tendent à les faire s'arracher de dessus leurs massifs de support, en même temps qu'elles soumettent toutes les pièces de liaison et d'assise à une énorme fatigue. C'est même là un phénomène presque effrayant à observer dans beaucoup des grands appareils à vapeur de la flotte lancés à toute volée, et qui explique les limites de vitesse imposées aux pistons moteurs, afin de prévenir les plus graves accidents. Aussi est-ce à leur stabilité relativement meilleure, mentionnée 2e partie § III-5, qu'il faut attribuer la principale part du succès dont jouissent les machines marines à trois cylindres introduites dans la Flotte par M. Dupuy de Lôme, et qui provient de la douceur relative de leurs mouvements. Cette qualité se trouve du reste encore accrue lorsque les trois cylindres sont indépendants, à cause de la constance que tend alors à prendre le couple moteur de rotation.

En résumé, grâce aux dispositions inhérentes à leur principe même, les rotatives sont seules aptes à jouir d'une stabilité presque parfaite avec des vitesses pour ainsi dire illimitées, et cela sans nécessiter des combinaisons barbares et impraticables de contrepoids d'équilibration. Or c'est là une question de premier ordre, sur laquelle on ne saurait trop insister. Il en résulte, en effet, la faculté d'avoir, pour une puissance donnée, des appareils de poids et d'encombrement extrêmement restreints. Il s'ensuit d'ailleurs la possibilité d'assurer aux locomotives une sécurité complète avec les allures les plus rapides, et aux machines fixes une immobilité presque absolue sur leurs massifs de support. Si on joint à cela une simplicité extrême de mécanisme, qui entraîne incidemment une supériorité marquée du rendement organique, il est certain que l'avenir appartiendra sans conteste à la rotative qui offrira les mêmes garanties de bon fonctionnement et d'économie de combustible que les machines actuelles.

§ I.— **3. Usage actuel et avenir de la rotative Behrens.** — Les avantages notables que nous venons d'énumérer ont été pressentis dès la création même de la machine à vapeur moderne. Mais certainement l'intelligence n'en était ni très-précise, ni très-explicite, surtout en ce qui concerne la *stabilité* des appareils, dont l'étude approfondie ne remonte qu'à quelques années. Elle suffisait cependant pour faire concevoir qu'il devait résulter de la suppression des organes à mouvements alternatifs un bénéfice important. C'est ce qui explique pourquoi le problème des rotatives a suscité tant de chercheurs.

Le nombre des solutions qui ont été proposées est considérable ; et les recueils des brevets d'invention fourmillent de spécimens de ces machines. Watt en a imaginé plusieurs dès 1783. Après lui, parmi les plus sérieux, sont venus Murdock (1799), Joseph Éve (1825), plus récemment Peter Borie, Yule, Galloway, et enfin dans ces dernières années Bishop et Rennie avec leur *disc-engine.*

Jusqu'ici toutes les machines rotatives ont présenté des fuites, des usures et des chances de dérangement telles, que leurs règnes ont été très-éphémères. Du reste, l'échec était facile à prévoir, à cause de la nature complexe des organes proposés et de l'état d'infériorité dans lequel végétait encore l'industrie du travail des métaux au moment où surgissaient la plupart de ces inventions. — Pour la machine Behrens, il n'en est pas ainsi : tout y présente un caractère de simplicité vraiment séduisant ; et, si les pièces demandent une grande perfection d'ajustage, les machines-outils actuelles permettent de la réaliser sans peine. C'est ce qu'a très-bien compris un des constructeurs les plus habiles et les plus intelligents de Paris, M. Pétau. Aussi s'est-il empressé d'acquérir le droit d'exploiter en France le brevet de Behrens. De son côté, la Marine n'a pas tardé à remarquer les avantages de toutes sortes que présente la nouvelle rotative sur les petits chevaux ordinaires, qui, à tous les points de vue, sont de mauvais appareils. On a bien cherché à les remplacer par l'injecteur Giffard ; mais la manœuvre délicate de ce dernier, son désamorcement fréquent et sa facile obstruction par les particules salines, n'ont pas permis d'en généraliser l'emploi sur mer. Le Behrens, au contraire, est un engin débonnaire et silencieux, qui obéit à la parole, ne rate jamais et se plie à toutes les exigences. Les expériences qui ont eu lieu dans les divers arsenaux de la Marine (§ V) ont confirmé les espérances que faisait concevoir la nouvelle rotative. Aussi vient-on de l'appliquer à bord du vaisseau *le Solférino*, comme appareil d'épuisement de cale de grande puissance pour le cas de voie d'eau considérable.

Du reste, de nombreux spécimens du Behrens sont établis en Amérique depuis 1866, époque de son invention, et y fonctionnent de la manière la plus satisfaisante.

La description et la théorie de la nouvelle rotative offrent donc désormais un intérêt tout à fait pratique aux ingénieurs et aux mécaniciens. Les nombreuses revues de mécanique industrielle publiées à propos de l'Exposition, n'en renferment que des aperçus sommaires, sans considération aucune sur sa théorie et en particulier sur la forme du profil de ses cames ou pistons. Aussi quand les circonstances nous ont amené à nous occuper de cette machine, force a été de nous livrer à l'étude originale et approfondie du système. C'est cette étude que nous livrons aujourd'hui au public.

La rotative Behrens n'est encore qu'à son début ; et, jusqu'à présent, son application s'est presque exclusivement bornée à l'usage de pompe à vapeur. Mais tout porte à croire qu'elle prendra dans un avenir prochain un grand essor, et qu'elle ne tardera pas être utilisée comme appareil moteur de toutes puissances. Jusqu'ici son rendement *thermique*, semblable en cela à celui des petits chevaux, tout en lui étant moins inférieur, ainsi du reste qu'à celui du Giffard, laisse beaucoup à désirer, et paralyse en partie l'influence de la supériorité de son rendement *organique*. Si cet inconvénient persistait, il pourrait empêcher le Behrens de sortir du rôle restreint où il se trouve confiné aujourd'hui, et compromettrait certainement son emploi à grande échelle. Il est heureusement facile de remédier à cet état de choses; car il suffit d'employer de la vapeur à bonne pression et surchauffée, d'entourer les cylindres de chemises de circulation, et surtout de faire usage de grandes détentes, obtenues de préférence avec le système Woolf. Tous ces perfectionnements, indiqués par la thermodynamique et dont les excellents résultats ont été confirmés par les expériences de M. Hirn, sont d'une application facile; mais il importe de n'en négliger aucune, d'autant que l'emploi des longues expansions a ici une importance capitale pour atténuer l'influence de la grandeur des espaces neutres inhérente (§ III-5 et 6) au système lui-même, et que, d'un autre côté, le bénéfice économique dû à cet emploi ne se réalise bien qu'avec l'usage simultané de chemises de vapeur.

C'est en suivant de semblables errements et en parvenant d'ailleurs à une admirable précision d'ajustage, que l'usine Penn a atteint, dans les machines à fourreau, le degré de perfection et d'économie qui lui a valu sa réputation européenne, et qu'elle vient encore de porter à un plus haut point dans la machine de la frégate cuirassée anglaise « *Hercule* ». Un pareil résultat est d'autant plus remarquable que l'emploi des fourreaux a été longtemps réputé comme désastreux au point de vue de la consommation de combustible.

Il y a là un précieux exemple à imiter pour le Behrens, exemple vraiment frappant de ce que peuvent la persévérance et une grande intelligence pratique mises au service d'une idée juste.

Dans ce qui suit, nous commençons par donner la description et la théorie complètes de la Rotative sur l'appareil d'épuisement de cale du *Solférino*, qui est le plus important spécimen du système Behrens construit jusqu'à ce jour. On trouvera ensuite la nomenclature des différents autres types livrés par M. Pétau tant à la Marine qu'à l'industrie, depuis qu'il exploite le brevet américain.

§ II. — DESCRIPTION COMPLÈTE DE LA ROTATIVE BEHRENS SUR L'APPAREIL D'ÉPUISEMENT DE CALE DU SOLFÉRINO.

Cet appareil se compose d'une machine rotative à deux cylindres, donnant le mouvement à une pompe de cale pareillement rotative. Celle-ci est capable d'élever par heure 1800 mètres cubes d'eau à 10 mètres de hauteur, pour une vitesse de rotation de 200 tours par minute, et avec une pression de la vapeur de 5^{at} absolues environ. Le poids total du système est de 8000 kilogrammes, et son prix de 18000 francs.

Toutes les vues de la *fig.* 1 se rapportent à l'appareil qui nous occupe; et la légende suivante en donne la description complète.

A, B compartiments en fonte de fer dont l'ensemble forme le premier cylindre à vapeur de la machine. — Ce cylindre a son axe horizontal. Il a pour section deux portions de cercle, au lieu d'un cercle unique, comme dans les machines ordinaires; ces deux portions de cercle ont leur distance des centres égale environ aux deux tiers du diamètre de chacune d'elles.— Le fond, venu de fonte avec le corps du cylindre, porte deux douilles très-solides, dont l'objet est expliqué plus loin.

A′, B′ compartiments dont l'ensemble forme le second cylindre à vapeur.

A″ chemise en tôle emprisonnant une couche d'air autour des cylindres à vapeur, de façon à prévenir les refroidissements extérieurs. Cette chemise a été enlevée dans les *vues* 2° et 3°, afin de ne rien cacher.

C massif en fonte servant à la fois de plaque de fondation et de bâtis, et reliant rigidement entre elles toutes les pièces fixes de l'appareil.

D came ou piston supérieur du cylindre AB. Cette pièce est décrite en détail ci-après. Elle est en fonte de fer, et présente deux profils, sur l'un desquels s'exerce l'action de la vapeur pour entraîner l'arbre F.

E came ou piston inférieur du cylindre AB donnant le mouvement à l'arbre G.

D′ et E′ cames du cylindre A′B′.

F arbre en acier sur lequel sont clavetées les cames à vapeur D et D′, ainsi que la came supérieure S de la pompe.

G deuxième arbre pareillement en acier sur lequel sont clavetées les cames à vapeur E, E′, ainsi que la came inférieure T de la pompe. Cet arbre est conjugué avec le précédent à l'aide d'un engrenage M, N.

H couvercle du cylindre AB.

I, I presse-étoupe.

J couvercle du cylindre A′B′.

K conduit d'introduction de la vapeur.

L conduit d'évacuation.

M et N roues dentées d'égal rayon, conjuguant ensemble les arbres F et G, et, par suite, les cames D et E, D′ et E′ d'un même cylindre. Ces roues sont engrenées entre elles de manière à placer l'une par rapport à l'autre les cames du même cylindre dans la position indiquée *vue* 4°, et à établir dès lors, pendant le reste de la rotation, entre les mouvements de ces cames la corrélation parfaite expliquée dans le § III-1.

O, O,... graisseurs divers destinés à lubrifier toutes les parties frottantes. Pour parfaire le lubrifiage et en même temps pour assurer une étanchéité complète entre le grand disque *d′*, *fig.* 2, de chaque came et le couvercle correspondant de cylindre, on a ménagé dans le dos de ce disque des pattes d'araignée, qui permettent à l'huile d'affluer et de s'étaler entre les deux surfaces frottantes pour former une espèce de garniture hydraulique.

P, P,... robinets purgeurs.

Q et R compartiments en bronze dont l'ensemble forme le corps de la pompe.

S et T cames ou pistons de la pompe pareillement en bronze.

U couvercle de la pompe.

V conduit d'aspiration.

X conduit de refoulement.

Y volant.

Fig. 1. Rotative Behrens servant d'appareil d'épuisement de cale du vaisseau *le Solférino* (échelle $= \frac{1}{30}$).

Vue 1°. Perspective de la Rotative.

La légende précédente suffit pour que, avec les dessins sous les yeux, on comprenne parfaitement l'ensemble du système. Afin d'en faciliter encore l'intelligence, nous avons fait usage de trois sortes de flèches : les unes, sans barbe, indiquent les fluides

Fig. 1. (Suite.)

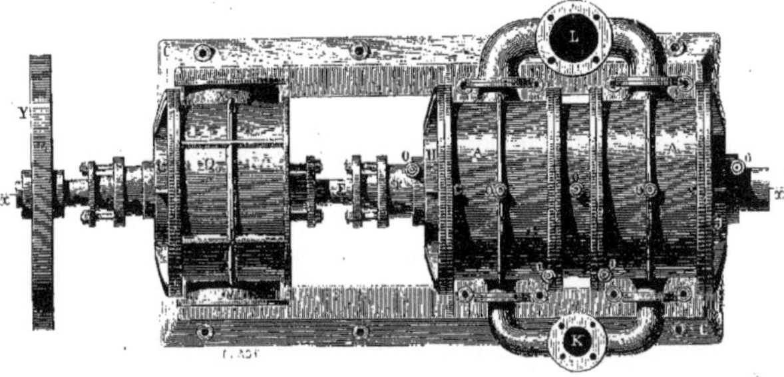

Vue 2°. Plan de l'appareil.

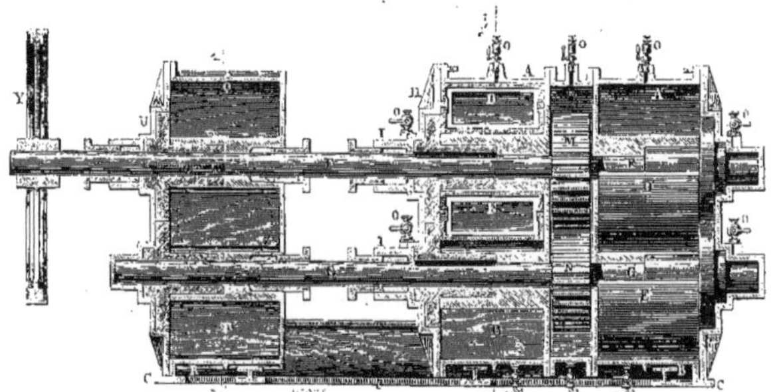

Vue 3°. Coupe longitudinale suivant *xx*, *vue* 2°.

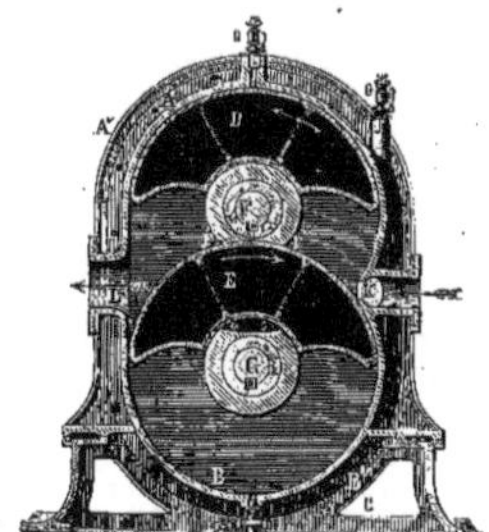

Vue 4°. Coupe transversale suivant *yy*, *vue* 2°.

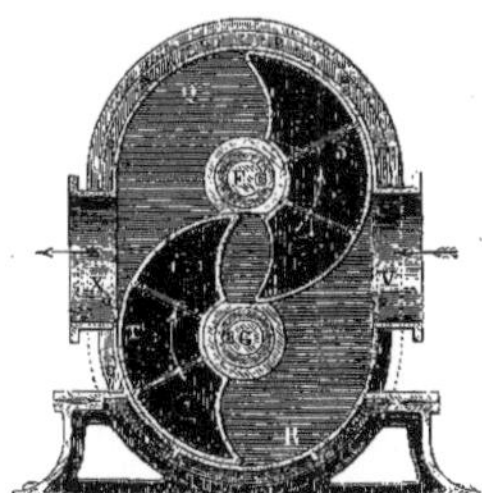

Vue 5°. Coupe transversale suivant *zz*, *vue* 2°.

en train de s'introduire; celles avec barbe, les fluides qui s'évacuent; enfin les flèches avec un point sur la queue montrent le mouvement des pièces mobiles elles-mêmes.

Nous remarquerons que les roues dentées M et N sont ici enfermées de toutes parts. Cette disposition a pour but de former un compartiment qui, étant rendu parfaitement étanche, évite l'emploi de presse-étoupe sur les fonds des deux cylindres aux endroits où ils sont traversés par les arbres de couche, sans d'ailleurs avoir à craindre par ces endroits des rentrées d'air ou des fuites de vapeur.

Il importe aussi d'insister sur la description des cames ou pistons. La *fig.* 2 montre une came hors de son cylindre et toute montée sur son arbre. On y aperçoit trois parties distinctes, qui sont d'ailleurs d'un seul morceau. C'est d'abord la partie D' qui forme la came proprement dite. Cette partie est creuse, et a son intérieur renforcé par des nervures. Elle porte naturellement des trous pour vider le sable qui, lors du moulage, a formé le noyau ; ces trous se bouchent comme d'ordinaire avec des bouchons à vis. On remarque ensuite un grand disque *d'* et en arrière un plus petit, qui sont destinés à supporter le piston, en se logeant dans des vides très-bien ajustés du couvercle du cylindre. Enfin, on aperçoit en *m'* le moyeu à travers lequel passe l'arbre F, qui y est retenu à l'aide d'une clavette. Ce moyeu s'emmanche à frottement doux dans la douille correspondante de fond de cylindre, mentionnée en A, B de la légende précédente ; il vient ainsi ajouter son action à celle des deux disques pour former un portage très-étendu, et parfaitement apte à prévenir, d'une part, ainsi qu'il est dit § I-2, les échauffements, et, d'autre part, les filtrations de vapeur qui pourraient surgir du côté de ce portage. D'ailleurs, la grande épaisseur de la came est propre à empêcher les effets semblables susceptibles de se produire sur son pourtour. — On doit avoir d'autant plus de confiance dans la sécurité offerte par ces combinaisons, que, d'après l'expérience, il n'y a pas besoin d'un contact intime pour prévenir les filtrations de vapeur. C'est ainsi qu'il est recommandé de ne pas donner trop de bande aux bagues des grands pistons dans les machines ordinaires, sous peine de les faire porter trop fortement contre les parois des cylindres, et d'y déterminer sans aucun avantage un frottement considérable. — La portion de l'arbre de couche située hors du moyeu de la came, passe sans ajustage dans la partie de la douille précitée de fond de cylindre, qui n'est pas occupée par le moyeu. Cette douille est, ainsi qu'on le voit en F'F'' ou G'G'', *vue* 4e, *fig.* 1, échancrée sur une certaine étendue de son pourtour, afin de livrer passage à la seconde came du même cylindre, tout en maintenant la séparation entre le côté de ce récipient où s'opère l'évacuation et celui où s'effectue l'introduction. — Les cames ont la distance de leurs centres et leur diamètre commun calculés, ainsi qu'il est expliqué § III-2, de manière à satisfaire à diverses conditions importantes. Enfin, leurs sections perpendiculaires aux axes des arbres sont identiques ; et les deux profils de chacune d'elles sont taillés (§ III-10) de façon à livrer passage aux profils de la came conjuguée et *vice versa*, tout en réduisant les espaces neutres au minimum et en procurant une étendue suffisante du portage des cames contre les parties échancrées des douilles de fond de cylindre.

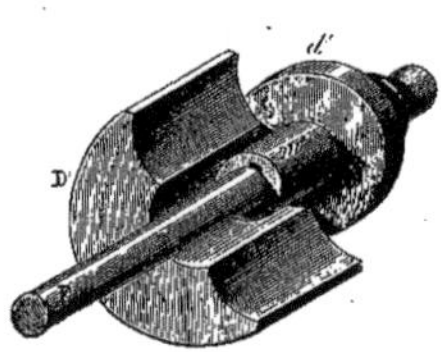

Fig. 2. Représentation en perspective d'une des cames à vapeur de la fig. 1 hors de son cylindre $\left(\text{échelle}=\frac{1}{50}\right)$.

§ III. — Théorie de la rotative Behrens.

§ III. — **1. Fonctionnement de la Rotative à pleine introduction.** — La première chose à étudier pour la théorie de la Rotative, ce sont les positions corrélatives de deux cames conjuguées dans les points principaux de leur rotation.

Une fois les roues dentées engrenées ensemble de manière à donner aux cames le calage relatif représenté *vue* 4°, *fig.* 1, lesdites positions se trouvent naturellement déterminées par ce fait que, les deux roues étant de même rayon, les deux cames doivent à chaque instant tourner à l'inverse l'une de l'autre d'un angle égal. Ces positions sont représentées sur les diverses vues de la *fig.* 3, lesquelles correspondent d'ailleurs à la même coupe du cylindre que la *vue* 4°, *fig.* 1. Nous avons eu soin de légender sur toutes les vues chaque came par les trois mêmes lettres placées aux deux extrémités et au milieu du pourtour, à savoir : par *a*, *b*, *c* pour la came supérieure, et par *d*, *e*, *f* pour la came inférieure. De plus, ces lettres portent en indice les chiffres 1, 2, 3, 4..., suivant qu'elles correspondent à la 1re, 2e, 3e, 4e... position. — Afin de ne pas accroître outre mesure le nombre des vues, chacune de celles-ci comprend deux positions des cames. On a distingué entre elles ces deux positions en dessinant les cames en traits pleins pour l'une et en traits pointillés pour l'autre.

D'après la manière dont les cames sont conjuguées, il est évident que, pour une position quelconque, la première, par exemple, les axes Fb_1 et Ge_1, *vue* 1°, de ces pièces doivent faire, avec *la ligne des centres* FG et de part et d'autre de cette ligne, des angles GFb_1 et FGe_1 supplémentaires.

Tout cela posé, voici les positions principales que prennent les cames dans un tour complet, et les fonctions particulières qu'elles y remplissent, en supposant d'abord qu'on *fonctionne à pleine introduction*.

Première position, *vue* 1°. — La came supérieure est en $a_1b_1c_1$, et la came inférieure en $d_1e_1f_1$. C'est le moment où la vapeur, arrivant par le conduit K, s'introduit par l'arête a_1 dans l'espace compris entre les profils en regard des deux cames, et qui se trouve déjà plein de vapeur à la tension de l'évacuation. — Dès lors, la came supérieure reçoit la pression de la vapeur d'admission sur son profil passant par a_1, tandis que le profil passant par c_1 n'est soumis qu'à la tension de la vapeur d'évacuation. Cette came est donc poussée avec une certaine force, et fait ainsi tourner l'arbre F. — La came inférieure, de son côté, a ses deux profils qui reçoivent la pression de la vapeur d'admission ; elle tend donc à rester immobile, et n'a aucune action pour entraîner son arbre G. C'est, au contraire, ce dernier qui la meut, grâce au mouvement qu'il reçoit pour l'instant de l'arbre supérieur F par l'intermédiaire des roues dentées M et N, *fig.* 1.

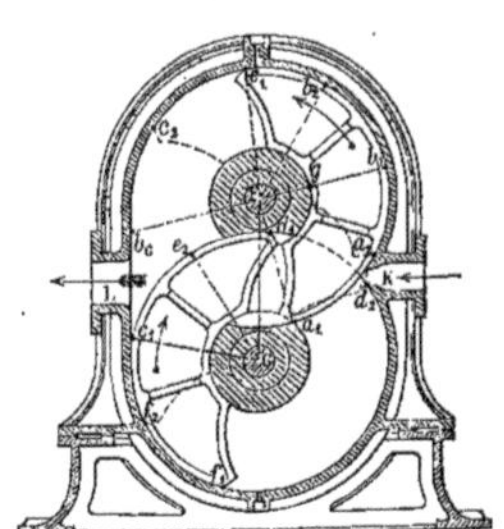

Fig. 3. Vue 1°.
Première et deuxième position des cames.

Deuxième position, vue 1°. — La came supérieure en $a_2b_2c_2$ n'offre rien de particulier. Elle continue à tourner sous la même impulsion que plus haut. — La came inférieure en $d_2e_2f_2$ a son arête d_2 qui ferme à l'introduction. L'espace compris entre ses deux profils étant plein de vapeur, elle continue à ne produire aucun effet pour la rotation et à être entraînée par la came supérieure.

Troisième position, vue 2° — La came supérieure en $a_3b_3c_3$ ne cesse de remplir les mêmes fonctions que dans les deux positions précédentes. — La came inférieure en $d_3e_3f_3$ commence à laisser évacuer par son arête f_3, à travers le conduit L, la vapeur emprisonnée entre ses deux profils. Il y a intérêt à avancer le plus possible le commencement de l'évacuation ; le moment propice a évidemment lieu dès que, du côté de l'arête d_3, la portion du dos de la came en contact avec la paroi du cylindre offre assez d'étendue pour prévenir toute filtration de la vapeur d'introduction. Il suffit dès lors d'évaser légèrement, du côté de l'évacuation, la surface intérieure du cylindre de manière qu'à partir dudit moment l'arête f_3 cesse d'être en contact avec cette surface.

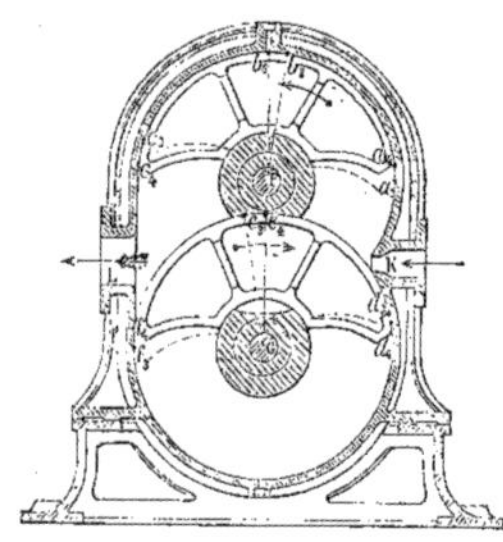

Fig. 3. Vue 2°.
Troisième et quatrième position des cames.

Quatrième position, vue 2°. — Les deux cames en $a_4b_4c_4$ et $d_4e_4f_4$ ont simultanément leurs axes dans l'alignement de la ligne des centres et dirigés en haut. — La came supérieure continue à entraîner son arbre. — L'action de la came inférieure est encore nulle; seulement ses deux profils ne sont plus soumis ici qu'à la faible pression de la vapeur d'évacuation.

Cinquième position, vue 3°. — La came supérieure en $a_5b_5c_5$ ferme à l'évacuation par son profil du côté de c_5. — La came inférieure en $d_5e_5f_5$ a son profil du côté de f_5 qui se trouve en contact avec l'échancrure de la douille supérieure du fond du cylindre. — Les deux profils en question forment alors avec les échancrures des deux douilles du fond du cylindre un certain espace fermé de toutes parts, et dont la section perpendiculaire aux axes des arbres et que nous apercevons sur la vue, est un polygone curviligne de huit côtés. Cet espace est rempli de vapeur d'évacuation ; et comme il demeure constant (§ III-9) pendant le déplacement subséquent des cames, il s'ensuit que, jusqu'à ce que celles-ci arrivent à la sixième position, elles continuent l'une et l'autre à jouer respectivement le rôle qu'elles n'ont cessé de remplir depuis la première position.

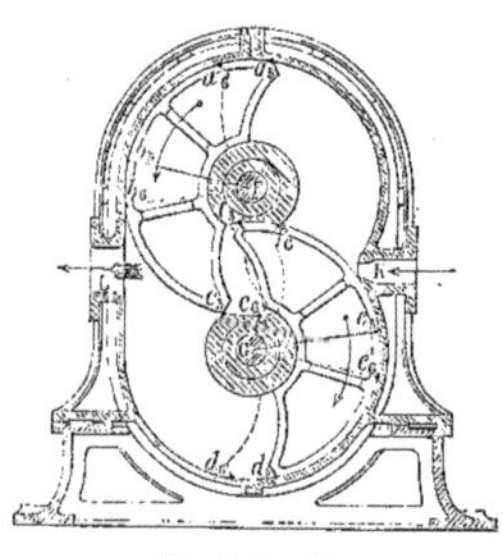

Fig. 5. Vue 3°.
Cinquième et sixième position des cames.

Sixième position, vue 3°. — Cette position est l'analogue de la première position, c'est-à-dire que la came inférieure en $f_6e_6d_6$ joue le même rôle que la came supérieure en $a_1b_1c_1$, et *vice versa*. On voit, en effet, que la vapeur d'introduction va affluer par l'arête f_6 dans l'espace compris entre les profils en regard des deux cames. — La came inférieure en $f_6e_6d_6$ aura ainsi son profil du côté de f_6 poussé par la vapeur d'introduction, tandis que son profil du côté de d_6 ne recevra que la pression de la vapeur d'évacuation. Cette came sera donc, dès ce moment même, entraînée avec une certaine force. — La came supérieure $c_6b_6a_6$, au contraire, éprouvera dès lors sur ses deux profils une pression égale à celle de la vapeur d'introduction. Elle n'aura plus, par conséquent, aucune action; et elle recevra son mouvement de la came inférieure par l'intermédiaire de son arbre et de l'engrenage qui le relie à l'arbre inférieur. — Dans ce changement de rôle, les deux roues dentées qui forment l'engrenage en question renversent également leurs fonctions, c'est-à-dire que la roue supérieure, qui tout à l'heure était la *roue menante*, devient la *roue menée*, et réciproquement. Aussi, pour prévenir l'à-coup qui pourrait résulter de ce renversement de fonction, a-t-on soin de tailler les engrenages sans aucun jeu et avec une extrême précision. Comme tout l'appareil présente un ensemble parfaitement rigide, grâce à sa plaque de fondation, il n'y a pas à craindre les arc-boutements des dents, qui surviennent dans les engrenages trop justes lorsque les axes se dénivellent. Du reste, on peut (2e partie, § V-3) par un calage convenable des cames à vapeur montées sur le même arbre ainsi que des cames à eau, s'il y en a, faire en sorte que les arbres ne soient jamais ni menants ni menés, ce qui prévient toute chance de chocs entre les dents des engrenages.

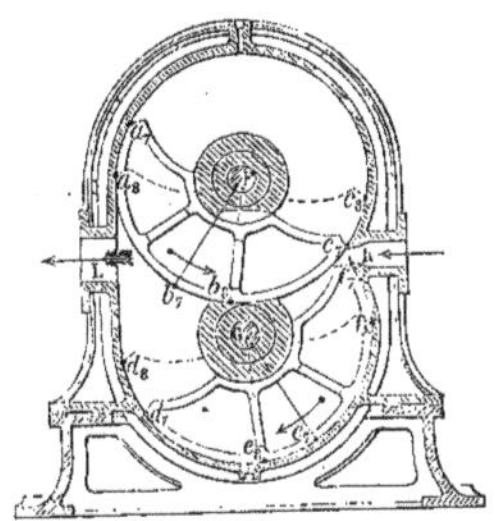

Fig. 3. Vue 4°.
Septième et huitième position des cames.

Septième position, vue 4°. — La came inférieure est ici en $f_7e_7d_7$. — La came supérieure, qui se trouve en $c_7b_7a_7$, ferme à l'introduction par son arête c_7. — La position qui nous occupe est l'analogue de la deuxième position : tout ce qui a été dit à propos de cette deuxième position pour la came supérieure est applicable présentement à la came inférieure, *et vice versa*.

Huitième position, vue 4°. — Cette position, où les deux cames sont en $f_8c_8d_8$ et en $a_8b_8e_8$, est l'analogue de la troisième position. Ici c'est la came supérieure qui ouvre à l'évacuation par son arête a_8.

Neuvième position, vue 5°. — Cette position est l'analogue de la quatrième position. Les deux cames $f_9e_9d_9$ et $c_9b_9a_9$ ont leurs axes dans l'alignement de la ligne des centres et dirigés en bas.

Dixième position, vue 5°. — La came inférieure, qui est ici en *fed*, ferme à l'évacuation, tandis que la came supérieure en *cba* est encore en prise avec l'échancrure de la douille inférieure du fond du cylindre. Cette position est l'analogue de la cinquième position.

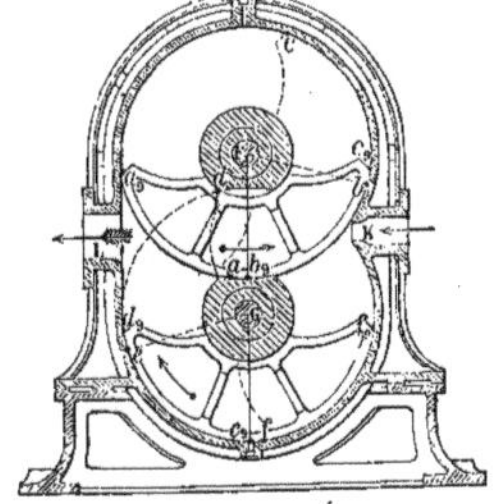

Fig. 5. Vue 5°.
Neuvième et dixième position des cames.

— La mise en marche, le stoppage, et en général la conduite de la rotative, ne demandent aucune explication, tant sa manœuvre est simple, facile et sûre. Il suffit de faire jouer l'organe de prise de vapeur de manière à obtenir l'effet désiré ; et cet effet se produit toujours sans hésitation.

— Il importe de remarquer que, sous l'influence de l'action de la vapeur et de la force centrifuge, chaque came tend à avoir, d'une part, son dos collé contre les parois du cylindre et, d'un autre côté, son moyeu et ses disques de portage appuyés contre leurs supports respectifs. Or ceci occasionne des frottements importants, et peut à la longue déterminer une certaine usure. — En second lieu, le poids des cames donne naissance à un couple de rotation, qui tantôt s'ajoute au couple moteur dû à la vapeur, tantôt s'en retranche.

On conçoit qu'il y a un grand intérêt à atténuer ces deux effets. On y parvient en combinant convenablement le calage des diverses cames à vapeur et à eau montées sur le même arbre (2ᵉ partie, § V-3).

§ III. — **2. Travail de la Rotative à pleine introduction.** — Il résulte des explications précédentes que la vapeur pousse la came supérieure depuis la position 1 jusqu'à la position 6. Entre ces deux positions, les cames ont tourné d'un angle égal à b_1Fb_6, *vue* 1°, *fig.* 3, compté dans le sens du mouvement, et obtenu en menant par le point F une parallèle à l'axe Fb_6, *vue* 3°, de la came supérieure dans la sixième position. Or à ce moment la came inférieure occupant une situation analogue à la première position de la came supérieure, les lignes Ge_6, *vue* 3°, et Fb_1, *vue* 1°, font, avec *la ligne des centres* FG et dans le sens de leurs mouvements respectifs, des angles FGe_6 et GFb_1 égaux entre eux. D'ailleurs, d'après ce qui a été dit au commencement du § III-1, l'angle de la droite Fb_6, *vue* 3°, avec la ligne des centres, est supplémentaire de l'angle de la droite Ge_6 avec cette même ligne, en s'étendant d'ailleurs du côté opposé. Donc l'angle b_1Fb_6, *vue* 1°, est égal à 180°.

Cela posé, cherchons à trouver le *diagramme théorique* du Behrens lorsqu'il travaille à pleine introduction. Tirons une ligne $A_1A'_1$, *vue* 1°, *fig.* 4, pour représenter la ligne zéro des pressions absolues ; et prenons sur cette ligne une longueur déterminée qui correspondra à la circonférence décrite à chaque tour par le centre de pression de chacun des profils de la came supérieure. — Il est évident que ce centre se trouve à égale distance des deux circonférences qui comprennent ce profil, c'est-à-dire sur la circonférence moyenne de la came. — Élevons au point A_1, qui correspond à la première position de la came considérée, une perpendiculaire A_1C_1 à $A_1A'_1$; et portons sur cette ligne deux longueurs A_1C_1 et A_1B_1 proportionnelles aux pressions abso-

Fig. 4. Diagrammes théoriques d'une rotative Behrens fonctionnant à pleine introduction, et avec évacuation à l'air libre.

Vue 1°. Diagramme relatif à la came supérieure.

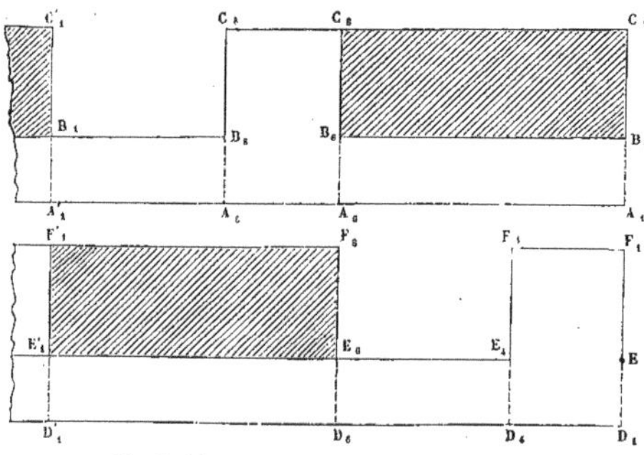

Vue 2°. Diagramme relatif à la came inférieure.

lues présumées de la vapeur d'introduction et de la vapeur d'évacuation, que nous supposerons ici s'échapper en plein air. Prenons A_1A_6 égale au chemin que parcourt le centre susmentionné de pression depuis la position 1 jusqu'à la position 6 de la came. D'après ce qui vient d'être démontré, ce chemin sera égal à la moitié de $A_1A'_1$. Élevons en A_6 une nouvelle perpendiculaire, et marquons-y A_6C_6 et A_6B_6 respectivement égales à A_1C_1 et A_1B_1. Il est évident que la droite C_1C_6 figurera la ligne de la pression constante d'introduction, et B_1B_6 la ligne de la pression constante d'évacuation; et que le rectangle haché $C_1B_1B_6C_6$ représentera le travail de la came supérieure depuis la position 1 jusqu'à la position 6. — Faisons maintenant A_6A_8 égal au chemin parcouru par les centres de pression des deux profils de la came depuis la position 6 jusqu'à la position 8; et prenons A_8C_8 égal à A_1C_1. La droite C_6C_8 représentera la ligne des pressions constantes égales à celles d'introduction qui agissent simultanément sur les deux profils de la came entre les deux positions 6 et 8. — Enfin, portons $A_8A'_1$ égal au chemin décrit par lesdits centres de pression depuis la position 8 jusqu'à la position 1, et prenons A_8B_8 et $A'_1B'_1$ égaux à A_1B_1. La droite $B_8B'_1$ figurera la ligne des pressions constantes égales à celle d'évacuation qui agissent simultanément sur les deux profils de la came depuis la position 8 jusqu'à la position 1.

Le diagramme relatif à la came inférieure s'obtiendra, comme on le voit en *vue* 2°, *fig.* 4, d'une manière tout à fait analogue à la précédente. — On prendra $D_1D'_1$ égal à $A_1A'_1$; puis on élèvera sur $D_1D'_1$ des perpendiculaires de longueurs voulues en différents points D_1, D_4, D_6 et D'_1, correspondant aux positions 1, 4, 6 et 1 de la came inférieure, etc. — Les lettres D, E, F remplissant ici le même rôle que les lettres A, B, C du premier diagramme, et leurs indices représentant les numéros des diverses positions de la came inférieure, nous nous dispenserons de plus amples explications.

— Pour obtenir les diagrammes du Behrens avec des indicateurs de Watt, il faudrait employer deux de ces instruments. L'un communiquerait avec le conduit d'introduction, et l'autre avec le conduit d'évacuation. De son côté, le système à papier de chaque instrument devrait être installé de manière à communiquer au papier un mouvement continu et non alternatif, et d'ailleurs rigoureusement proportionnel aux chemins parcourus par les centres de pression des cames. Ce système serait du reste commandé par un des arbres de couche, auquel le relieraient des organes convenables de transmission de mouvement.

Il est évident que chaque indicateur donnerait un simple trait plus ou moins droit et régulier, suivant que la pression d'introduction ou d'évacuation serait plus ou moins constante. Les deux lignes ainsi obtenues correspondraient l'une aux droites $C_1C'_6$, *vue* 1°, et $F'_6F'_1$, *vue* 2°, mises bout à bout, l'autre à B_1B_6 et $E_6E'_1$. Il faudrait donc rapporter les deux diagrammes l'un sur l'autre, en faisant coïncider ensemble : 1° ou leurs lignes atmosphériques, ou leurs lignes zéro de pression absolue si on les avait tracées; 2° les deux perpendiculaires, telles que A_1C_1 et A_1B_1, à ces lignes correspondantes à une même position simultanée des cames. En prenant alors, à partir de ces perpendiculaires et sur lesdites lignes, une longueur égale au déroulement des cylindres à papier pour un tour de l'arbre, et en menant par les points ainsi obtenus une parallèle aux perpendiculaires en question, on emprisonnerait entre les deux traits marqués sur les diagrammes une surface proportionnelle au travail de la Rotative par tour.

— Pour évaluer en kilogrammètres le travail du Behrens à l'aide des diagrammes, on devra d'abord exprimer en millimètres carrés, par exemple, leurs *surfaces effectives*, lesquelles sont hachées sur la *fig. 4*. Puis on multipliera ces surfaces : 1° par l'échelle, exprimée en mètres par millimètre, de la circonférence que décrivent les centres de pression des profils des cames, et qui est égale à la moyenne des deux circonférences extrêmes de chaque came ; 2° par l'échelle des pressions exprimée au moyen du nombre de kilogrammes par centimètre carré auquel correspond chaque millimètre des ordonnées des diagrammes ; 3° par la surface en centimètres carrés d'un des profils des cames estimée perpendiculairement à la direction des chemins décrits par ses éléments. — Cette surface ainsi estimée est manifestement égale au rectangle qui résulterait d'une coupe menée suivant l'axe de l'arbre dans l'épaisseur de la came. Ce rectangle aurait, par conséquent, pour longueur l'épaisseur de la came, et pour seconde dimension la largeur de la portion de couronne circulaire qui correspond à la section de cette pièce par un plan perpendiculaire à l'axe de son arbre de couche.

— La formule qui servirait à calculer sans diagramme le travail T sur les pistons et *par tour* du Behrens est la suivante, qui s'obtient trop facilement pour qu'il soit nécessaire de la démontrer :

$$T^{km} = \pi(R^2 - R'^2) \times L \times (P^{kg} - p^{kg})$$

expression dans laquelle on désigne par :

R et R' les rayons Fb_1 et Fg, *vue* 1°, *fig.* 3, des deux circonférences extrêmes des cames exprimés en centimètres ;
L l'épaisseur des cames mesurée en mètres ;
P et p les pressions d'introduction et d'évacuation évaluées en kilogrammes par centimètre carré.

La formule précédente peut servir réciproquement pour calculer les dimensions des cames d'une rotative devant produire à pleine pression un travail donné par tour. On tire, en effet, de cette formule la valeur du produit $(R^2 - R'^2)L$. Cette valeur renferme, il est vrai, trois inconnues. Mais d'abord R' sera imposé par les dimensions que devront avoir les arbres, les moyeux des cames et les douilles de fond de cylindre, pour résister aux efforts maximum que ces parties seront appelées à supporter. — D'autre part, le rapport de L à R se fixera suivant les circonstances. En général, il y aura avantage à faire ce rapport très-petit, afin, en ayant ainsi une plus grande valeur pour R, de diminuer la courbure du pourtour des cames et d'obtenir un portage plus parfait de ce pourtour avec les parois du cylindre. — En introduisant la valeur absolue de R' et l'expression de L en fonction de R dans la valeur du produit susmentionné, on obtiendra cette dernière quantité R; puis de là on remontera à L.

De son côté, la distance des centres des deux cames conjuguées sera évidemment égale à la somme R + R' diminuée de la hauteur maximum de l'échancrure taillée dans chaque douille de fond de cylindre pour le passage de la came opposée. Cette hauteur se déterminera d'ailleurs d'après l'étendue qu'on jugera utile de donner à l'échancrure dans le sens de la rotation, pour assurer un portage suffisamment étanche de ladite came contre la douille en question, pendant que cette came joue le rôle d'obturateur entre la chambre du côté de l'introduction et celle du côté de l'évacuation.

Quant au travail sur les pistons et par tour qu'une rotative peut avoir à effectuer, il se calculera, comme pour toute autre espèce de machine, d'après le travail présumé de la résistance et le rendement de l'appareil déduit d'expériences antérieures.

§ III. — **3. Espaces neutres et volume de la Rotative fonctionnant à pleine pression.** — Si on considère le rectangle résultant d'une coupe quelconque menée suivant l'axe de l'arbre dans l'épaisseur d'une came, le volume engendré par ce rectangle entre deux positions quelconques de la came sera le même que celui engendré par un des profils de cette pièce. En effet, le volume compris entre les deux positions du profil est égal au volume compris entre les deux positions du rectangle, augmenté du volume compris entre le rectangle et le profil dans la première position, et diminué, au contraire, du volume analogue relatif à la seconde position. Or ces deux derniers volumes représentent un même volume dans deux places différentes; ils sont donc égaux, et leur différence est nulle.

D'un autre côté, l'angle décrit par les cames depuis la position 1 jusqu'à la position 6 vaut 180°, ainsi qu'on l'a prouvé § III-1. Donc le volume engendré par la came supérieure est égal à une demi-couronne cylindrique dont la hauteur serait l'épaisseur de la came, et la largeur la différence entre le rayon extérieur et le rayon intérieur de cette pièce.

Ce volume représente le volume de vapeur qui serait nécessaire dans une machine ordinaire sans espace neutre et fonctionnant à pleine introduction pour produire le même travail que la machine Behrens pendant un demi-tour. — D'autre part, considérons que la portion de couronne cylindrique qui correspond à l'intervalle compris entre les deux profils de la came inférieure représente un volume qui demeure constant. Par conséquent, de la position 1 à la position 6 le volume de vapeur introduit est égal au volume d'une demi-couronne cylindrique augmenté de la quantité de fluide nécessaire pour remplir de vapeur, à la pression d'introduction, l'espace compris entre les profils a_1 et d_1, *vue* 1°, *fig.* 3, des deux cames dans la position 1, et qui, du reste, est déjà plein de vapeur à la pression d'évacuation. Cet espace correspond donc exactement à l'espace neutre d'une machine ordinaire. Il est évident qu'il y en a un second qui lui est exactement égal; c'est l'espace compris entre les profils f_6 et c_6, *vue* 3°, *fig.* 3, lors de la position 6 des cames. On trouvera au § III-11, le moyen de calculer ces espaces neutres. Ils valent, dans les divers types que nous avons étudiés, de $\frac{1}{11}$ à $\frac{1}{7}$ du volume utile de vapeur. On ne peut nier que cette proportion ne soit très-élevée. Mais quand on fonctionne à grande détente, son influence relative diminue notablement (§ III-6).

D'après ce qui vient d'être dit de la valeur du volume de vapeur introduit pendant un demi-tour du Behrens, le cylindre théorique d'une machine ordinaire fonctionnant, ainsi que cela a lieu pour les petits chevaux, à l'introduction de puissance maximum, aurait à force égale même longueur que le cylindre de la rotative, tandis que sa base ne vaudrait que la moitié de la section de la couronne cylindrique dans laquelle circule chaque came. Toutefois, ce cylindre théorique devrait être un peu augmenté pour les deux espaces neutres habituels laissés aux bouts de course derrière le piston, et aussi pour le volume occupé à son intérieur par la tige de piston au moment du point mort inférieur. D'un autre côté, comme dans le cas d'un cylindre ordinaire le maximum de travail susceptible d'être obtenu avec de la vapeur à une même pression correspond à l'introduction de 0,85 à 0,90 (voir le n° 104_4 de notre *Traité des appareils à vapeur de navigation*), le cylindre qui nous occupe devrait de ce chef être encore augmenté, afin de ne pas dépenser une partie de la vapeur en pure perte. Néanmoins, en définitive, le volume intérieur de ce cylindre serait beaucoup moindre que le volume total du cylindre de la Rotative, qui se compose non-seulement des capacités dans lesquelles circulent les cames, mais encore de l'emplacement occupé par les douilles de fond de cylindre. Le rapport de ces volumes est en moyenne de 3,5.

Si on se place au point de vue de l'encombrement total, il y a bien encore à tenir compte, pour la Rotative, de l'emplacement occupé par l'engrenage. Mais, pour la machine ordinaire, il faut considérer l'espace absorbé par le tiroir et ses renvois de mouvement, et surtout la place nécessaire au jeu de la grande bielle et de la manivelle. Il en résulte un accroissement considérable de l'emplacement occupé par une semblable machine; et, en résumé, son encombrement total n'est guère moindre que celui d'une rotative Behrens fonctionnant dans les mêmes conditions, d'autant que celle-ci est extrêmement ramassée, et qu'on peut la loger de manière à éviter toute perte de place.

Il est aisé de se rendre compte qu'il en est à peu près de même pour les poids, si l'on considère que les pièces, telles que tiges de piston, grandes bielles, manivelles, supprimées dans la Rotative, sont d'un poids considérable sous un petit volume.

Mais si on se place au point de vue de la facilité que présente le Behrens de se prêter à des rotations extrêmement rapides, la question d'encombrement et de poids devient tout à l'avantage du nouveau système. Car, répétons-le, dans les machines ordinaires les vitesses ont des limites bien définies et assez restreintes, tandis qu'avec les rotatives ces limites peuvent être reculées extrêmement loin, et permettent par suite de diminuer dans une semblable proportion les volumes et les poids des appareils.

§ III. — **4. Fonctionnement de la Rotative avec détente.** — Il faut, dans ce cas, employer un organe spécial mû par un excentrique monté sur l'un des arbres, et ouvrant ou fermant à de certains moments de la rotation l'arrivée de la vapeur. A chaque demi-tour, l'organe de détente ne doit jamais réouvrir avant la position 2, *vue* 1°, *fig.* 3, ou la position 7, *vue* 4°. Sans cela, la nouvelle vapeur qui arriverait, se trouverait en présence d'un espace plein de fluide à la pression du dernier moment de la détente; et la quantité de cette vapeur qui pénétrerait dans l'intervalle compris pour la position 1, par exemple, entre le dos de la came supérieure et le profil f_1 en ce moment le plus bas de la came inférieure, ne servirait absolument à rien, et serait par conséquent dépensée en pure perte. Admettons donc que l'introduction n'ait lieu que dans la position 2, *vue* 1°. — Cela posé, examinons, à partir de la position 1, ce qui se passe dans le fonctionnement qui nous occupe.

Dès que la came supérieure a entr'ouvert l'espace compris entre les profils a_1 et d_1 des deux cames, et qui n'est rempli que de vapeur à la pression d'évacuation, la vapeur d'introduction située en arrière du profil f_1 et qui était en train de se détendre, se répand dans cet espace. Dès lors, la came inférieure ne travaille plus, et la came supérieure reçoit la poussée d'une vapeur qui continue à se détendre. — Au moment de la position 2, la came inférieure emprisonne entre ses deux profils et les parois du cylindre la vapeur qu'elle va évacuer dans un instant. D'un autre côté, à ce même moment la vapeur d'admission afflue par le fait de l'ouverture de l'organe de détente, et remplit l'espace compris entre le dos de la came inférieure et le profil en regard de la came supérieure. — Il est clair que l'introduction doit cesser entre les positions 2 et 6; car, à partir de la position 6, la came supérieure ne travaille plus, puisque ses deux profils reçoivent l'un et l'autre l'action de la vapeur détendue. A cette même position 6, la vapeur située en arrière du profil a_6, se répand dans l'espace compris entre les deux profils c_6 et f_6. — Bientôt arrive la position 7, où l'organe de détente laisse la vapeur s'introduire pour agir sur la came inférieure, et où la came supérieure emprisonne entre ses deux profils et les parois du cylindre la vapeur qu'elle évacuera dans un instant. Cette évacuation commence dans la position 8. Puis de là jusqu'à la position 1, il ne se présente plus rien de particulier pour la came supérieure, tandis que pendant ce temps la période de détente commence pour la came inférieure.

§ III. — **5. Travail de la Rotative avec détente.** — On peut facilement représenter par un diagramme théorique le travail de la Rotative, et de plus en même temps le jeu de chaque came pendant un tour dans le fonctionnement avec détente. Ainsi pour la came supérieure, prenons $A_1A'_1$, *vue* 1°, *fig.* 5, pour représenter la circonférence moyenne des cames. Puis, au point A_1 élevons la perpendiculaire $A_1 C_1$; et prenons-la d'une longueur proportionnelle à la pression P″ qui existe derrière le profil a_1, *vue* 1°, *fig.* 3, au moment où ce profil ouvre l'espace neutre compris entre lui et le profil d_1. Pour obtenir cette pression P″, il faut d'abord calculer la tension P′ qui existe derrière le profil f_1 lors de la position 1, ou, ce qui est la même chose, derrière le profil a_6 lors de la position 6. Ce calcul se fera facilement, car on connaît :

- P la pression absolue d'introduction.
- V le volume décrit par le profil a_2 depuis le commencement jusqu'à la fin de l'introduction. D'après ce qu'on a vu § III-3, ce volume est évidemment égal à l'arc décrit par le centre de pression du profil entre les deux moments considérés, multiplié par la surface du rectangle obtenu en coupant la came par un plan quelconque conduit suivant l'axe de l'arbre de couche.
- V′ le volume décrit encore par le profil en question depuis la fin de l'introduction jusqu'à la position 6.
- v le volume compris, au moment de la position 2, entre le dos de la came inférieure et le profil a_2 de la came supérieure.

Ceci posé, nous admettrons, avec le professeur Rankine et avec M. Combes dans son dernier ouvrage intitulé « *Études sur la machine à vapeur*, » que, d'après les règles de la thermodynamique, la pression de la vapeur qui se détend varie suivant la loi de Mariotte avec une approximation très-acceptable pour la pratique. Toutefois, cette hypothèse suppose implicitement, d'après Rankine, que chaque cylindre soit entouré d'une chemise alimentée avec de la vapeur de la chaudière, et recouverte elle-même d'une enveloppe mauvaise conductrice, le tout installé seulement dans de bonnes conditions moyennes; ou encore qu'on emploie de la vapeur surchauffée à un point tel qu'elle puisse communiquer au métal du cylindre la même chaleur que la vapeur de la chemise. De son côté, M. Combes n'accepte la loi de Mariotte qu'autant que l'introduction est au moins égale au 1/3 de la course du piston, et que les parois du cylindre peuvent être considérées comme imperméables à la chaleur. — Quand on n'emploie ni chemise ni surchauffe, la loi de Mariotte peut encore donner une approximation grossière, pourvu que l'introduction ne soit pas inférieure à 1/2; mais au-dessous de cette proportion, aucune loi digne de confiance ne peut être donnée.

Fig. 5. Diagrammes théoriques d'une rotative Behrens fonctionnant avec détente et avec évacuation dans un condenseur.

Vue 1°. Diagramme relatif à la came supérieure.

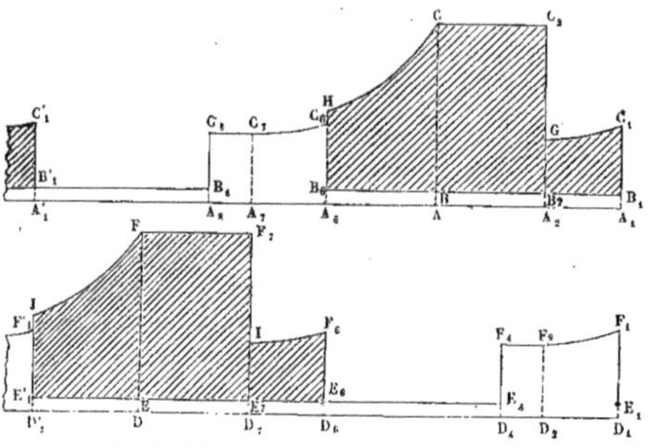

Vue 2°. Diagramme relatif à la came inférieure.

Quoi qu'il en soit, acceptant la loi de Mariotte, nous trouverons pour la tension demandée P′ :

$$P' = \frac{P(V+v)}{V+V'+v}.$$

Connaissant la tension qui existe pour la position 1 derrière le profil f_1, nous obtiendrons la pression P″ de la vapeur au moment où le profil a_1 ouvrira l'espace neutre compris entre lui-même et le profil d_1, en appliquant encore la loi de Mariotte, mais ici en toute rigueur, car la vapeur se détend sans travailler. Appelons *v′ le volume correspondant audit espace neutre*, nous trouverons pour la pression cherchée :

$$P'' = \frac{P(V+v)}{V+V'+v+v'}.$$

C'est donc une longueur proportionnelle à cette quantité qu'on devra porter de A_1, *vue* 1°, *fig.* 5, en C_1. — De la position 1 à la position 2, la vapeur se détend en travaillant; et son volume augmente simplement du volume V″ *engendré par le profil arrière de la came supérieure entre ces deux positions*. Car, ainsi que nous l'avons déjà dit § III-3, l'intervalle compris entre les deux profils de la came inférieure demeure constant. La pression derrière cette came au moment de la position 2, est donc :

$$P''' = \frac{P(V+v)}{V+V'+v+v'+V''}.$$

Prenons maintenant A_1A_2 proportionnelle au chemin parcouru par les centres de pression des profils de la came de la position 1 à la position 2. Élevons ensuite la perpendiculaire A_2G ; et prenons-la proportionnelle à P‴. Dès lors, pour avoir la courbe des pressions de la vapeur qui poussent la came de la position 1 à la position 2, il nous suffira de joindre les points C_1 et G par la branche d'hyperbole équilatère bien connue qui exprime graphiquement la loi de Mariotte. L'équation de cette courbe rapportée à ses asymptotes est $yx = P(V+v)$; et lesdites asymptotes sont, d'une part, la droite $A_1A'_1$, et, d'autre part, une perpendiculaire à cette ligne menée à droite du point A_1, à une distance égale à une fraction de $A_1A'_1$, représentée par le rapport de $V + V' + v + v'$ au volume qu'engendre par tour chaque profil de la came. Cette branche d'hyperbole se tracera par une des méthodes connues en analytique, ou simplement par la détermination numérique de l'ordonnée de chaque point à l'aide de la loi de Mariotte. — D'un autre côté, on prendra A_1B_1 proportionnelle à la pression du côté de l'évacuation, que nous supposerons ici avoir lieu dans un condenseur; puis on portera $A_2B_2 = A_1B_1$: la droite B_1B_2 représentera la ligne de la pression constante de la vapeur d'évacuation. Dès lors la surface hachée $B_1C_1GB_2$ figurera le travail de la Rotative depuis la position 1 jusqu'à la position 2.

A la position 2, l'organe de détente ouvrant, la pression deviendra égale à la pression d'introduction. Par conséquent, il faudra prendre A_2C_2 proportionnelle à cette pression. Puis, on portera A_2A proportionnelle au chemin parcouru par les centres de pression des profils de la came considérée depuis la position 2 jusqu'au moment où se fera la détente. On élèvera la perpendiculaire AC égale à A_2C_2, et on prendra $AB = A_2B_2$. — La droite C_2C représentera la ligne de la pression constante d'introduction, B_2B la ligne de la pression constante d'évacuation, et le rectangle haché B_2BCC_2 figurera le travail de la Rotative pendant la période d'introduction.

A partir de A, portons AA_6 proportionnelle au chemin parcouru par les centres de pression des profils de la came depuis la fin de l'introduction jusqu'à la position 6. Élevons ensuite en A_6 une perpendiculaire à $A_1A'_1$; et prenons-y la longueur A_6H proportionnelle à la pression P' calculée ci-dessus, et la longueur A_6B_6 égale à A_1B_1. — Joignons les points C et H par la branche d'hyperbole équilatère qui représente la ligne des pressions de la vapeur pendant la détente, en admettant la loi de Mariotte, et qui se tracera ainsi qu'il a été expliqué pour la courbe C_1G. Tirons, d'autre part, la droite BB_6; et nous aurons la surface hachée BB_6HC qui représentera le travail de la vapeur pendant la détente.

Dès que la came supérieure a franchi la position 6, la vapeur qui pousse le profil a_6, *vue* 3°, *fig.* 3, s'introduit entre les deux profils c_6 et f_6; et la pression tombe de H, *vue* 1°, *fig.* 5, en C_6, en devenant A_6C_6 qui est évidemment égale à A_1C_1. De la position 6 à la position 7, les deux profils de la came supérieure sont soumis à une même pression, qui va en diminuant suivant la loi de Mariotte, et qui, au moment de la position 7, devient manifestement égale à la pression P''' donnée ci-dessus. — Donc, prenons la longueur A_6A_7 proportionnelle au chemin décrit par les centres de pression des profils de la came de la position 6 à la position 7, et par suite égale à A_1A_2. Au point A_7 menons la perpendiculaire A_7C_7 proportionnelle à P''', et par conséquent égale à A_2G. En joignant C_6C_7 par une branche d'hyperbole identique à C_1G, cette ligne C_6C_7 nous représentera la ligne des pressions variables agissant en même temps sur les deux profils de la came entre les deux positions considérées.

De la position 7 à la position 8, ces deux mêmes profils supporteront encore des pressions égales et opposées, mais qui demeureront constantes, et équivalentes à P'''. On pourra donc tirer facilement la droite C_7C_8 qui représentera sur notre diagramme la ligne de ces pressions constantes.

Enfin, en prenant $A_8A'_1$ proportionnelle au chemin décrit par les centres de pression des profils de la came de la position 8 à la position 1, et en portant A_8B_8 et $A'_1B'_1$ égales à A_1B_1, on aura en $B_8B'_1$ la ligne des pressions constantes d'évacuation qui agissent sur les deux profils en question entre les deux positions considérées.

Le diagramme, *vue* 2°, *fig.* 5, relatif à la came inférieure, s'obtiendra d'une manière tout à fait analogue à la précédente. Les lettres D, E, F, I, J, jouent ici le même rôle que les lettres A, B, C, G, H de la *vue* 1°, et leurs indices représentent les numéros des diverses positions de la came inférieure. Il sera donc facile au lecteur d'appliquer au second diagramme les explications données pour le premier.

— Pour déterminer par le calcul le travail théorique sur les pistons et *par tour* de la Rotative fonctionnant avec détente, il suffit d'avoir recours à la formule logarithmique très-connue, qui convient dans l'hypothèse que nous avons admise de la variation des pressions suivant la loi de Mariotte. En appliquant cette formule, on trouve facilement le résultat suivant, où les lettres ont la même signification que plus haut et que dans le § III-2, et où les volumes sont exprimés en prenant pour unité de capacité un parallélipipède rectangle dont la base serait 1 centimètre carré et la hauteur 1 mètre :

$$T^{km} = 2P^{kg}\left[V + (V+v)\,l\left(\frac{V+V'+v}{V+v} \times \frac{V+V'+v+v'+V''}{V+V'+v+v'}\right)\right] - \pi\,(R^2 - R'^2)\,L \times p^{kg}.$$

Cette formule peut avantageusement se remplacer par la suivante :

$$T^{km} = \pi(R^2 - R'^2)L\left[\frac{P^{kg}}{360^\circ}\left(O + (O+o)\,2{,}3026\,\text{log.vulg.}\,\frac{(O+O'+o)\times(O+O'+o+o'+O'')}{(O+o)\times(O+O'+o+o')}\right) - p^{kg}\right].$$

Dans cette dernière expression, O, O', O'' *désignent les angles, évalués en degrés, dont tournent les cames pour engendrer réellement les volumes* V, V', V'', *et* o, o' *les angles dont elles devraient tourner pour engendrer des volumes égaux à* v *et* v'.

La formule que nous venons de donner pourra servir réciproquement pour calculer les dimensions des cames d'une rotative devant produire, en fonctionnant avec détente, un travail donné par tour. Il n'y aura, en effet, qu'à suivre exactement ce qu'on a dit § III-2 pour l'usage semblable de la formule relative au fonctionnement à pleine pression.

— Pour obtenir ici des diagrammes réels à l'aide d'indicateurs, il faudrait se servir de deux instruments, installés d'ailleurs ainsi qu'il a été expliqué dans le cas dudit fonctionnement. L'un de ces instruments serait mis en communication avec le conduit K, *vue* 1°, *fig.* 3, et l'autre avec le conduit L. — Il est évident que le premier indicateur donnerait à chaque tour une courbe de pression qui correspondrait aux deux lignes brisées C_1GC_2CH et F_6JF_7FJ des *vues* 1° et 2°, *fig.* 5, mises bout à bout. Seulement les angles saillants et rentrants s'arrondiraient sur le diagramme de l'indicateur ; et, au lieu de deux lignes brisées situées bout à bout, on aurait une courbe unique à profondes ondulations. — Le second indicateur donnerait une ligne presque droite, et qui représenterait la série des pressions à peu près constantes de la vapeur d'évacuation. — En reportant l'un sur l'autre ces deux diagrammes, absolument de la même manière qu'au § III-2, on obtiendrait un diagramme unique qui représenterait le travail de la Rotative.

§ III. — **6. Espaces neutres et volume de la Rotative dans le fonctionnement avec détente.** — L'espace compris entre le profil a_2, *vue* 1°, *fig.* 3, de la came supérieure et le dos de la came inférieure lors de la position 2, est un véritable espace neutre. Nous démontrons au § III-9 qu'il est inférieur à l'espace neutre relatif au fonctionnement à pleine pression. Au surplus, nous devons remarquer que l'espace neutre actuel est déjà plein de vapeur à une certaine tension, ce qui diminue d'autant la quantité de la vapeur d'introduction nécessaire pour le remplir de fluide à la pression de cette vapeur. En outre, à partir du moment où l'introduction cesse et la détente commence, il résulte de la présence de la vapeur qui remplit alors l'espace neutre que la pression pendant l'expansion se trouve à chaque instant plus grande qu'elle ne le serait sans cela. Donc, ainsi que nous l'avons annoncé au § III-5, l'influence de l'espace neutre qui nous occupe est de peu d'importance, surtout pour les marches à grande détente. — Il y a, bien entendu, un second espace neutre relatif au fonctionnement avec détente, qui n'est autre que le volume compris entre le profil f_7, *vue* 4°, de la came inférieure et le dos de la came supérieure lors de la position 7.

Dans les machines ordinaires, les espaces neutres sont également d'autant moins nuisibles qu'on fonctionne à plus grande détente. Mais alors ces espaces ne se trouvent remplis que de vapeur d'évacuation au commencement de chaque introduction. Au contraire, les espaces neutres de la Rotative fonctionnant avec expansion sont au même moment pleins de vapeur à la pression de la fin de la détente. Il résulte de là une diminution de dépense de vapeur, qui compense, au moins en partie, la plus grande valeur relative de ces derniers espaces neutres par rapport à ceux des machines ordinaires.

Reportons-nous aux diagrammes de la *fig.* 5; et plaçons la surface $B_1 C_1 G B_2$, *vue* 1°, à gauche de la ligne A_6H, en faisant coïncider B_1C_1 avec B_6C_6. On aura, à partir de B_2C_2, une grande surface hachée, qui, à la petite chute près que subit la pression de H en C_6, figurera le travail d'une machine ordinaire à détente, sensiblement de même puissance et de même dépense de vapeur par tour que la Rotative considérée, et fonctionnant avec la même pression d'introduction. La course du piston de cette machine serait représentée par A_1A_6; et l'introduction par le rapport de A_2A à A_1A_6. (Ce rapport, soit dit en passant, devrait rationnellement être pris pour représenter l'introduction fictive des rotatives Behrens.) D'un autre côté, la surface du piston serait égale au rectangle obtenu par une section menée dans l'épaisseur d'une came suivant l'axe de son arbre. Si on remarque que A_1A_6 est la moitié de $A_1A'_1$, il est clair qu'on peut transformer le cylindre de la machine ordinaire dont il s'agit en un autre qui aurait même longueur que le cylindre de la Rotative, dont le piston aurait pour surface la moitié de la base de la couronne cylindrique dans laquelle circule chaque came, mais où d'ailleurs l'introduction, exprimée en centièmes de la course, serait toujours égale au rapport ci-dessus.

D'après cela, tout ce qui a été dit au § III-5 de la comparaison des volumes et des poids d'une machine ordinaire et d'une rotative fonctionnant à pleine introduction, est applicable ici, à quelques détails près auxquels le lecteur suppléera facilement.

§ III. — **7. Fonctionnement de la Rotative au Woolf.** — De même que dans le fonctionnement à la détente ordinaire, l'évacuation du cylindre admetteur ne doit jamais ici commencer à se faire dans le cylindre détendeur qu'après le moment où les cames de ce dernier cylindre ont dépassé la position 2, *vue* 1°, *fig.* 3, ou la position 7, *vue* 4°. Du reste, suivant l'avantage qui pourra en résulter pour une bonne équilibration (2e part., § V-5), le calage des cames devra être réglé de façon que ce soit la came supérieure ou inférieure du cylindre admetteur qui ouvre au moment de la position 2. — Dans tous les cas, l'évacuation du premier cylindre dans le second ne cesse jamais. Seulement, par exemple, depuis la position 1 jusqu'à la position 2 des cames du cylindre détendeur, c'est la vapeur d'évacuation d'une des cames du cylindre admetteur qui afflue pour pousser la came supérieure du détendeur ; tandis qu'à partir de la position 2 jusqu'à la position 7, c'est la vapeur d'évacuation de la seconde came du cylindre admetteur qui pousse cette même came.

Ce qui a été dit pour les diagrammes, les espaces neutres et le volume d'un cylindre d'une rotative fonctionnant à la détente, est évidemment applicable au cylindre détendeur. On devra d'ailleurs tenir compte de la différence, exactement la même qu'entre deux machines ordinaires fonctionnant l'une à la détente simple, l'autre au Woolf, à introduire ici dans le calcul de la pression que possède à un instant quelconque la vapeur qui pousse l'une ou l'autre came du cylindre détendeur.

§ III. — **8. Jeu de la pompe du Behrens.** — Nous nous servirons, pour l'explication de ce jeu, de la *fig.* 3, qui peut être prise aussi bien pour représenter la pompe que le moteur du Behrens.

A partir de la position 1, *vue* 1°, la came supérieure aspire l'air renfermé dans le tuyau d'aspiration. — Lors de la position 2, en même temps que la came supérieure continue son aspiration, la came inférieure emprisonne entre ses deux profils de l'air déjà un peu raréfié, qu'elle évacue à partir de la position 4. — Au moment de la position 5, les deux cames enferment entre leurs profils c_5 et f_5, *vue* 3°, de l'air à la pression atmosphérique. Or l'espace neutre compris entre les profils en regard des cames demeure constant (§ III-5) depuis la position 5 jusqu'à la position 6. Il s'ensuit qu'au moment où cette dernière position est franchie, il se répand au milieu de l'air déjà raréfié, qui suit le profil a_6, un volume d'air à la pression atmosphérique égal à cet espace. Cette circonstance tend à augmenter légèrement la pression derrière ce profil, et par conséquent à faire retomber un peu le niveau de l'eau qui est en train de monter dans le tuyau d'aspiration. — Dès la position 6, c'est la came inférieure qui aspire; et les mêmes effets que ci-dessus se reproduisent maintenant pour cette came. Le niveau de l'eau commence alors par regagner le point qu'il avait atteint; puis il continue à monter, pour baisser encore un instant lorsque les cames franchissent la position 1.

Par cette succession d'effets, l'eau finit, au bout d'un plus ou moins grand nombre de tours, par arriver dans le cylindre de la rotative, et par être refoulée à travers le tuyau L. Dès ce moment, l'influence de l'espace neutre sur l'aspiration devient nulle ; car cet espace se trouve rempli d'eau.

Nous avons supposé dans ce qui précède qu'il n'y avait pas de clapet d'aspiration. S'il y en avait un, les petites chutes momentanées de niveau qui ont lieu, venons-nous de voir, pendant l'amorcement, ne se produiraient pas. Il y aurait seulement des temps d'arrêt dans cette élévation.

Qu'il y ait ou qu'il n'y ait point de clapet, il est d'abord évident que l'élévation au-dessus du niveau du puisard de la partie supérieure du cylindre de la pompe doit être $< 10^m,33$, hauteur de la colonne d'eau faisant équilibre à la pression atmosphérique. Ceci prouve déjà qu'il y a avantage, quand le niveau du puisard est très-bas, à mettre les deux cames de la pompe et par suite celles de la machine elle-même à même hauteur, c'est-à-dire à placer les axes de leurs arbres dans un même plan horizontal. Dans tous les cas, la condition que nous venons d'énoncer n'est pas suffisante. Il faut encore être certain que l'espace neutre compris entre le profil f_7, *vue* 4°, de la came inférieure et le dos de la came supérieure, n'empêchera pas l'eau d'arriver dans le corps de pompe. Or cela nécessite que le tuyau d'aspiration ne dépasse pas une certaine longueur maximum que nous allons calculer. Supposons d'abord qu'il n'y ait point de clapet.

Toute la question se réduit à chercher qu'elle devrait être la longueur, comptée verticalement, du tuyau d'aspiration pour que l'eau, une fois qu'elle a atteint le conduit K, *vue* 1°, ne puisse désormais franchir ce point, malgré la continuation du fonctionnement de la pompe. Cela posé, soient:

- x la longueur maximum cherchée du tuyau d'aspiration ;
- s la section de ce tuyau ;
- V le volume compris entre le profil a_6, *vue* 3°, de la came supérieure et le dos de la came inférieure au moment de la position 6, et aussi entre le profil f_1, *vue* 1°, de la came inférieure et le dos de la came supérieure au moment de la position 1 ;
- v l'espace neutre compris entre le profil f_7, *vue* 4°, de la came inférieure et le dos de la came supérieure lors de la position 7 ;
- v' l'espace neutre compris entre les profils en regard des deux cames lors de la position 6 ;
- V′ le volume compris entre les profils c_7 et a_7 de la came supérieure ;
- $h = 10^m,33$.

Il est évident que la pression la plus faible de l'air à l'intérieur de la pompe, agissant sur le niveau de l'eau dans le conduit K, correspond au moment de la position 6. A ce moment, la hauteur de l'eau dans le tuyau d'aspiration aura sa valeur maximum x; et la pression dont il s'agit vaudra: $1^{at} - \frac{x^{at}}{h}$. A l'instant où les deux cames franchissent la position 6, un volume d'air v' à la pression atmosphérique vient se mélanger avec l'air situé derrière le profil a_6. Appelons-y *la quantité dont le niveau de l'eau dans le tuyau d'aspiration se trouvera par le fait de ce mélange*, au moment de la position 7 des cames, *plus bas que tout à l'heure*. La pression de l'air située entre les profils a_7 et c_7 et dans l'espace neutre v vaudra alors, en vertu de la loi de Mariotte :

$$\frac{\left(1^{at} - \frac{x^{at}}{h}\right)V + v' \times 1^{at}}{V' + v + sy}.$$

Mais cette pression peut encore être représentée par $1^{at} - \frac{(x-y)^{at}}{h}$, puisque $x - y$ est la hauteur actuelle de l'eau dans le tuyau d'aspiration. On a donc une première équation qui est :

$$(1) \qquad \frac{\left(1 - \frac{x}{h}\right)V + v'}{V' + v + sy} = 1 - \frac{x-y}{h}.$$

D'un autre côté, au moment où les cames reviennent à la position 1, le volume de l'air renfermé tout à l'heure dans l'espace v devient V. Donc la pression de l'air derrière le profil f_1 à cet instant, vaudra évidemment :

$$\frac{\left[\left(1^{\text{at}}-\frac{x^{\text{at}}}{h}\right)V+v'\times 1^{\text{at}}\right]v}{(V'+v+sy)V}.$$

Mais, pour que le niveau de l'eau reprenne actuellement, *et sans pouvoir aller au delà*, la hauteur qu'il avait lors de la position 6, il faut évidemment que la pression dont il s'agit soit égale à la pression correspondante à cette position. En d'autres termes, on doit avoir l'égalité :

$$(2)\qquad \frac{\left[\left(1-\frac{x}{h}\right)V+v'\right]v}{(V'+v+sy)V}=1-\frac{x}{h}.$$

En éliminant y entre les équations (1) et (2), on arrive à l'équation du troisième degré :

$$(3)\quad (h-x)^3V^2s(V-v)+(h-x)^2V(hv'Vs+VV'v-hv'vs)+(h-x)hv'vV(V'-v)-h^2v'^2v^2=0,$$

V et V′ étant plus grands que v, tous les coefficients, sauf le dernier, de cette équation en $(h-x)$ sont positifs. D'ailleurs en posant $h-x=z$, et en appliquant la règle des variations de signes, on voit que l'équation en z ainsi obtenue possède au plus une racine positive. Donc, l'équation primitive en x ne peut avoir qu'une racine positive plus petite que h. Or il n'y a évidemment qu'une telle racine qui puisse convenir à la question. Il reste donc à examiner si cette racine existe. A cet effet, faisons successivement $x=o$ et $x=h$ dans le premier membre de l'équation (3). En faisant $x=o$, on trouve pour ce premier membre $h^3V^2s(V-v)+h^3Vv's(V-v)+h^2v'vV(V'-v)+h^2v(V^2V'-v'^2v)$, quantité évidemment positive, puisque V et V′ surpassent v et v'. D'autre part, en faisant $x=h$, le premier membre de l'équation se réduit à la quantité négative $-h^2v'^2v^2$. Donc il y a bien une racine positive comprise entre o et h.

On peut arriver à la même conclusion par des considérations plus simples et plus élégantes. En effet, en simplifiant les équations (1) et (2), on trouve :

$$(1')\qquad (h-x)V+v'h=[(h-x)+y](V'+v+sy),$$

$$(2')\qquad (h-x)V+v'h=(h-x)(V'+v+sy)\frac{V}{v}.$$

De ces deux relations, on tire :

$$(4)\qquad (V'+v+sy)=o,$$

$$(5)\qquad (h-x)+y=(h-x)\frac{V}{v}.$$

Ces deux nouvelles équations combinées successivement avec (2′), fourniront évidemment toutes les solutions du système (1′) (2′). Mais l'équation (4) donnant pour y une valeur négative, ne convient pas à la question. Il reste donc à éliminer y entre (5) et (2′). Cette élimination conduit à l'équation du second degré :

$$(6) \qquad (h-x)^2 s(V-v)V + (h-x)V'Vv - v^2 v'h = o.$$

Or cette équation n'a qu'une racine positive en $(h-x)$; x ne peut donc avoir qu'une valeur à la fois positive et plus petite que h. D'ailleurs, en faisant successivement $x=o$ et $x=h$ dans le premier membre de l'équation (6), et considérant que V' et V sont $> v'$ et v, on voit que la racine dont il s'agit existe bien.

Dans tous les cas, la valeur de cette racine représentera seulement la longueur maximum théorique du tuyau d'aspiration. Il faudra en déduire au moins 10 °/₀, afin de tenir compte de l'influence des rentrées d'air par les joints, etc.

S'il y avait un clapet de pied au tuyau d'aspiration, il est évident qu'on trouverait la longueur théorique de ce tuyau en faisant dans l'équation (2) $y = o$. Une fois cette hauteur théorique obtenue, on en déduirait, de même que ci-dessus, la hauteur pratique. — Cependant nous devons dire que l'usage d'un clapet d'aspiration avec la pompe Behrens serait sans effet dans le fonctionnement. Car ses mouvements de levée et d'abaissement seraient si rapides qu'ils n'auraient pas le temps de se faire, et que le clapet resterait levé. Mais au début, et si l'amorcement était difficile, on pourrait, en faisant tourner lentement les cames jusqu'à ce que cet amorcement soit effectué, tirer avantage de la présence du clapet.

— Le travail de la pompe de Behrens se calcule, comme pour toute autre pompe, d'après la profondeur du puisard et la hauteur à laquelle il s'agit d'élever l'eau. Il faut d'ailleurs remarquer que l'eau sort ici avec une grande rapidité, qu'accroît encore l'action de la force centrifuge. Dès lors, pour éviter une dépense inutile de travail, il importe, plus encore que d'habitude, de s'arranger de façon que l'eau arrive avec une vitesse très-restreinte dans le réservoir où il s'agit de l'élever.

D'après ce qui a été dit au § III-3, et attendu que l'espace neutre compris entre les profils a_1 et d_1, *vue* 1e, *fig.* 3, se trouve plein de liquide, le volume d'eau théoriquement aspirée à chaque demi-tour par une pompe Behrens est évidemment égal au volume engendré par le profil a_1 de la came supérieure, par exemple, depuis la position 1 jusqu'à la position 6. Mais, toujours d'après le § III-3, ce volume est égal à une des moitiés de la couronne cylindrique dans laquelle circule chaque came. Donc, le débit *théorique* de la pompe par tour est égal à cette couronne tout entière. Comme pour toute autre pompe, ce débit diffère plus ou moins, suivant les circonstances, du débit *réalisé* (voir au § V les résultats de diverses expériences).

— En cas d'eau boueuse, la pompe Behrens peut évidemment se détériorer s'il y a des graviers ou des escarbilles. Mais cet inconvénient lui est commun avec la plupart des pompes des autres systèmes.

Du reste, en cas de voie d'eau à bord d'un navire, il suffira, avant de mettre en train le Behrens, de faire enlever la première eau par les pompes ordinaires, de façon à prévenir ainsi tout mécompte. Il sera bon aussi, pour le même motif, de tenir la crépine d'aspiration à une certaine hauteur au-dessus du fond même de la cale.

§ III. — **9. Propriétés des espaces neutres du Behrens.** — D'après ce qui a été dit au § III-3, lors du fonctionnement à pleine pression, l'espace neutre du Behrens est égal à un volume prismatique ayant pour section droite l'octogone curviligne $a_1\,h\,i\,j\,d_1\,k\,l\,m\,a_1$, *fig.* 6, et pour hauteur l'épaisseur des cames.

Cet espace jouit de la propriété curieuse d'être égal à l'espace compris entre deux positions correspondantes quelconques des profils en regard des deux cames, tant que l'un au moins de ces profils demeure contenu entre les deux arcs A d' B *et* A a' B, et cela quelle que soit la forme des profils.

En effet, considérons le polygone curviligne précité. Si le profil $d_1\,k\,l$ vient en $d'\,k'\,l'$, la surface de ce polygone sera augmentée de l'aire $d_1\,k\,l\,l'\,k'\,d'$. Mais en même temps le profil $a_1\,h\,i$ aura pris la position $a'\,h'\,i$, en diminuant ladite surface de l'aire $a_1\,h\,i\,i'\,h'\,a'$. Donc, si on prouve que ces deux aires sont égales, il en résultera que la surface de l'octogone curviligne demeurera bien constante. Or, d'après leur conjugaison, les cames tournent simultanément d'angles égaux. Donc l'arc $d_1 d'$ est égal à $a_1\,a'$, et l'arc $i\,i'$ à $l\,l'$. D'un autre côté, les profils des cames sont identiques, quelle que soit d'ailleurs leur forme. Par conséquent, les deux aires en question sont évidemment superposables. — On peut, du reste, encore prouver leur égalité en démontrant, comme au commencement du § III-3, que chacune de ces aires est équivalente à la portion de la couronne circulaire où tourne chaque profil, comprise entre deux rayons faisant entre eux un angle égal à l'angle de rotation des profils $a_1\,h\,i$ et $d_1\,k\,l$ pour venir en $a'\,h'\,i'$ et en $d'\,k'\,l'$.

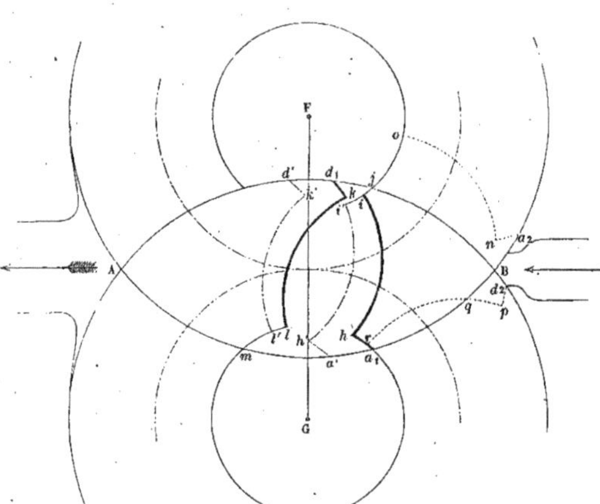

Fig. 6 relative aux propriétés des espaces neutres du Behrens.

La propriété précédente subsiste évidemment tant que les côtés de l'octogone curviligne ne se coupent pas entre eux, et par conséquent, ainsi que nous l'avons dit plus haut, tant que l'un au moins des profils reste contenu entre les arcs A d' B et A a' B. Mais il cesse d'en être ainsi quand aucun des deux profils ne satisfait plus à cette condition, comme cela a lieu pour le polygone $a_2\,n\,o\,j\,d_2\,p\,r\,a_1\,a_2$. Dans ce cas, la propriété qui nous occupe se change en la suivante :

La portion $a_2\,n\,o\,j$ B de la couronne circulaire correspondante à un des profils $a_2\,n\,o$, comprise entre ce profil et la portion j B de l'arc que décrit l'extrémité du second profil, est égale à l'espace neutre habituel S diminué de la surface S' comprise entre les arcs $m\,a'\,a_1$ et $m\,l\,a_1$, et augmenté de la somme algébrique des deux surfaces $q\,p$

d_2B et a_1rq. Ces deux dernières surfaces sont formées par les deux portions de la couronne circulaire correspondante au second profil, qui résultent du croisement de ce profil et de la portion a_1B de l'arc décrit par l'extrémité du premier profil; et la portion située en dehors de cet arc est considérée comme positive, et l'autre comme négative. La dernière de ces portions devient naturellement nulle quand le profil rp est tout entier en dehors de a_1B. — La démonstration de cette nouvelle propriété peut se donner comme il suit :

Le profil a_1hi en passant en a_2no engendre une aire qui est équivalente à la portion de couronne circulaire correspondante à l'arc a_1a_2, et qui peut se décomposer en $a_2nojB + BjihrqB + a_1rq$. De son côté, le profil d_1kl en venant en d_2pr, engendre une aire équivalente à la portion de couronne circulaire qui correspond à l'arc d_1d_2. Or cette aire est évidemment égale à la surface S de l'octogone curviligne $a_1hijd_1klma_1$, moins la surface S' comprise entre les arcs $ma'a_1$ et mla_1, plus $BjihrqB + qpd_2B$. Mais les deux portions de couronne circulaire dont il s'agit sont égales. Donc on a la relation $a_2nojB = S - (S' + a_1rq - qpd_2B)$.

D'après cette démonstration, et eu égard aux proportions relatives que possèdent dans la Rotative les diverses surfaces mises entre parenthèses dans le second membre de l'équation précédente, il est évident que l'espace neutre a_2nojB correspondant à la détente (§ III-6) est un peu inférieur, ainsi que nous l'avons annoncé, à l'espace neutre S relatif au fonctionnement à pleine pression.

§ III. — **10. Tracé du profil des cames du Behrens.** — Il importe d'abord de remarquer que les axes des cames, c'est-à-dire les lignes Fb_1, et Ge_1, *vue* 1°, *fig.* 3, qui partagent les arcs extérieurs de ces pièces en deux parties égales, doivent devenir en même temps perpendiculaires à la ligne des centres FG, en étant d'ailleurs situées de part et d'autre de cette ligne. En effet, supposons qu'au moment où l'axe de la came supérieure se confond avec la perpendiculaire en F à FG située à droite de cette ligne, la came inférieure soit en arrière, par rapport au sens du mouvement, de la perpendiculaire en G à FG située à gauche. D'après la manière dont les cames sont conjuguées, au moment où l'axe de la came inférieure viendrait sur la perpendiculaire en G à F G située à droite de cette ligne, l'axe de la came supérieure serait en avant, toujours par rapport au sens du mouvement de la perpendiculaire en F à F G située à gauche de cette ligne. Donc, dans cette nouvelle situation, la came supérieure n'occuperait pas relativement à la came inférieure la position que cette dernière occupe par rapport à l'autre dans la première situation. Or cela ne saurait être; car il est évident que la came inférieure doit maintenant remplir exactement le même rôle que la came supérieure dans la première position, et *vice versa*.

En second lieu, les arcs extérieurs des deux cames doivent avoir égale étendue. En effet, encore à cause de la symétrie des fonctions de la came inférieure et de la came supérieure à un demi-tour de distance, l'arc e_1f_1 doit être égal à a_1b_1 ; il en est donc de même pour les arcs extérieurs qui sont respectivement doubles des précédents. — Pour la même raison de symétrie, il faut que les profils qui passent par a_1 et c_1 soient respectivement identiques aux profils qui passent par f_1 et d_1. — Enfin le profil qui passe par d_1 occupe, avant son passage sur la ligne des centres FG, par rapport au profil a_1 une série de positions qui sont respectivement symétriques à celles que le profil a_1 occupe par rapport au profil d_1 après avoir franchi cette même ligne. Or ces deux profils sont soumis à la condition fondamentale de se livrer réciproquement passage. Donc, il faut qu'ils soient identiques. Par conséquent, enfin, les quatre profils doivent être identiques.

Cela posé, supposons d'abord qu'au moment où l'extrémité a_1, *vue* 1°, *fig.* 3, du profil de la came supérieure arrive en A, *fig.* 7, c'est-à-dire au moment où l'espace neutre va être mis en communication avec la chambre à vapeur, on veuille que l'extrémité du profil de la came inférieure arrive en B, de manière qu'à ce moment le contact entre le dos de cette dernière came et la douille supérieure de fond de cylindre s'étende de C en B, et que, par suite, on obtienne une séparation aussi parfaite que possible entre le compartiment où débouche la vapeur et celui qui communique avec l'évacuation. Comme les cames tournent dans un même temps d'angles égaux, la condition précédente entraîne naturellement cette autre, que, quand l'extrémité du profil de la came inférieure sera en *d*, celle du profil de la came supérieure sera en *a*. Or, pour que les deux cames ne se rencontrent pas, il est aisé de voir qu'il suffit que la pointe du profil de chacune d'elles ait son libre passage le long des profils de l'autre came. Ainsi l'extrémité *d* devra se mouvoir de *d* en *a* sans rencontrer le profil de la came supérieure. Cette condition exige que ce profil ait la forme d'une portion du nœud d'une épicycloïde allongée. — En effet, déterminons les deux cercles primitifs FE et GE qui correspondent au mouvement de rotation des deux cames l'une par rapport à l'autre. Puis maintenons immobile le cercle FE ; et faisons *rouler* sur lui, dans le sens de la flèche φ, le cercle GE entraînant avec lui le rayon G*d*. Il est évident que, de la sorte, le point *d* aura, par rapport à la came supérieure maintenue immobile, le même mouvement *relatif* que dans le jeu réel du système. Or le point *d* étant ici en dehors du cercle roulant, décrira bien une épicycloïde allongée. De plus, la partie de cette courbe qui

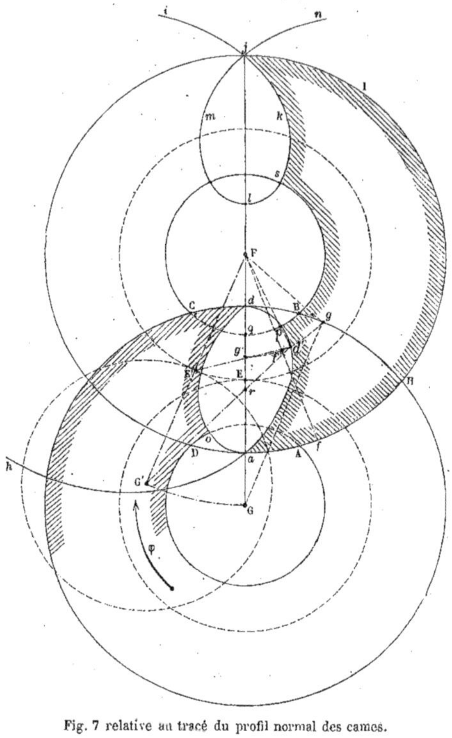

Fig. 7 relative au tracé du profil normal des cames.

conviendra pour le profil en question, devant se trouver au-dessus du point de rencontre *a* de la ligne des centres FG avec la circonférence F*a*, appartiendra au nœud de l'épicycloïde ; car nous verrons plus loin que c'est en ce même point *a* que les deux branches de la courbe coupent l'axe FG.

L'épicycloïde ne peut se tracer que point par point. Il nous suffit donc de montrer la manière d'obtenir un point. Le moyen le plus naturel pour cela consiste à tracer le cercle GE dans la position G'E' qu'il doit occuper après avoir roulé d'un certain arc. Dans ce roulement, le rayon G*d* viendra évidemment en G'*d'*, obtenu, pour le cas qui nous occupe, en faisant l'angle FG'*d'*=E'FE ; car les rayons des cercles primitifs sont égaux. En même temps, le point *d* occupera la position *d'* située à une distance G'*d'* de G' égal à G*d*. Ce point *d'* sera un des points de la courbe cherchée. Il va de soi d'ailleurs que, pour mettre un peu de méthode dans la détermination d'un nombre suffisant de points de cette courbe, il faudra d'avance marquer sur le cercle FE et à gauche du point E une série de points équidistants. — Nous ajouterons que la ligne E'*d'*, obtenue en joignant le point de contact E' du cercle primitif roulant au point trouvé *d'*, est la normale à l'épicycloïde en ce dernier point. Le point E' est, en effet, le centre instantané de rotation du cercle G'E' pour la position que nous considérons. Donc la circonférence décrite par *d* autour de E' est tangente à l'épicycloïde, et par conséquent cette dernière courbe a la même normale E'*d'* que la première.

On peut encore employer, pour tracer l'épicycloïde dont nous nous occupons, la méthode suivante, qui est assez élégante :

On divise les arcs *a*H et *d*H en un même nombre de parties *égales*. On numérote sur chaque arc, par la suite naturelle des nombres, les divers points de division des deux arcs, en allant de *d* en H et de *a* en H. — Soit *g* un des points de division de *d*H. Du point F comme centre avec F*g* pour rayon, on décrit un arc *gg'*, qu'on prolonge jusqu'à sa rencontre avec la ligne des centres FG. Puis on joint le point F avec le point *f* ayant sur l'arc *a*H le même numéro que *g* sur l'arc *d*H. Soit *f'* le point de rencontre de F*f* avec l'arc *gg'* ; on prend l'arc *gd'* égal à l'arc *g'f'*, et le point *d'* est le point demandé. — Pour justifier cette méthode, remarquons d'abord que si on considère, dans le mode précédent de construction, le point *d'* tel que l'angle FG'*d'* qui lui correspond vaille FG*g*, le triangle FG*g* sera évidemment égal à FG'*d'*. Donc déjà F*d'*=F*g*. D'un autre côté, l'angle *g*FG du premier triangle est égal à l'angle *d'*FG' du second. Donc, en retranchant de ces deux angles la partie commune *g'*F*d'*, il restera *g*F*d'* égal à GFG'. Mais, comme les rayons des cercles primitifs sont égaux, GFG' est égal à FG'*d'* et par suite à FG*g*, et enfin à *a*F*f*, puisque l'arc *af* = *dg* par construction. Donc, en résumé, *g*F*d'* = *a*F*f*, qui n'est autre que *g'*F*f'* ; et par suite l'arc *gd'* = *g'f'*.

Qu'on emploie l'une ou l'autre des deux méthodes que nous venons de donner, on arrivera facilement à tracer la portion de courbe *dpd'a* qui, limitée en *p* par le cercle intérieur F*p* de la came supérieure, représentera en *pd'a* l'un des profils de cette came. Mais pour nous rendre un compte très-exact du mouvement relatif du point *d* du profil de la came inférieure par rapport à la came supérieure, considérons toute l'épicycloïde décrite par ce point dans un tour complet du cercle GE par rapport au cercle FE. A partir du point *a*, cette épicycloïde s'étend en *ah* ; puis elle vient couper le prolongement du rayon Fj à une distance du point j évidemment égale à $aG + Gd$. Cette intersection est le point de la courbe le plus éloigné du centre F. Dès lors l'épicycloïde s'étend sur la droite du diamètre aj en se rapprochant de plus en plus de F. Elle arrive ainsi en a, puis enfin en d, en s'étendant à gauche de la ligne des centres. Elle forme alors, de a en d, un arc (que nous avons omis pour ne pas surcharger la figure) symétrique, par rapport à la droite FG, avec l'arc $dd'a$. Ces deux arcs forment un nœud en tout identique au nœud $jmlsk$, qui appartient à l'épicycloïde dont fait partie le second profil de la came supérieure, et dont les deux branches s'étendent vers ji et jn. — Le premier de ces nœuds passe, ainsi que nous l'avons annoncé ci-dessus, par le point de rencontre de la ligne des centres FG avec la circonférence Fa. On voit, en effet, que, par suite de l'égalité des angles en F et en G' dans le triangle $FG'r$, le point de rencontre r de Fa avec la ligne mobile $G'd'$ se trouve toujours à égale distance des points F et G', et par conséquent aussi, soit dit en passant, sur la perpendiculaire élevée à la ligne mobile FG' en son milieu, c'est-à-dire sur la tangente commune aux deux cercles primitifs. Or, au moment où ce point de rencontre aura lieu en a extrémité de Fa, il se trouvera en même temps à l'extrémité de $G'd'$, puisque $G'd'$ égale Fa. Mais cette dernière extrémité étant justement le point que décrit l'épicycloïde, le point a appartiendra donc bien à cette courbe. Nous remarquerons de plus que la normale à l'épicycloïde en a étant, ainsi qu'il a été dit plus haut, la droite qui va du point considéré de la courbe au point de contact correspondant des cercles primitifs, se confond ici avec la tangente commune à ces cercles, puisque, d'après ce qui précède immédiatement, cette tangente commune passe sans cesse par l'intersection de la ligne des centres avec la ligne mobile $G'd'$.

Tout ce qui précède étant bien compris, considérons le rayon mobile Gd. Dès l'instant que le profil $pd'a$ de la came supérieure livre passage à l'extrémité de ce rayon, il ne rencontrera lui-même aucun obstacle dans son mouvement jusqu'au moment où, après un peu moins d'un tour dans le sens de la flèche φ, son extrémité d arrivera en a. Dès ce moment, le dos aA de la came supérieure empêchera évidemment le rayon d'avancer, ce qui prouve que le profil de la came inférieure qui aboutit à l'extrémité de ce rayon, ne saurait être rectiligne, et doit être taillé de façon que son extrémité d puisse parcourir, en effleurant tout le temps la pointe a, la portion de nœud symétrique à $dd'a$, et que nous avons déjà dit avoir omise pour ne pas charger le dessin. — Pour obtenir la forme dudit profil, le moyen le plus simple est de considérer à son tour la came inférieure comme immobile, et de chercher le mouvement relatif par rapport à cette came du point a de la came inférieure. On trouve ainsi une portion aod de nœud d'épicycloïde, qui est symétrique à $dd'a$ par rapport au point E, et dont la portion od sera la partie utile qui constituera un des profils de la came inférieure. — La symétrie en question pouvait du reste se prévoir d'après le principe général de parfaite identité des quatre profils établi au commencement de cette subdivision de paragraphe. Et même le plus simple eût été de s'appuyer sur ce principe pour déduire tout de suite do de $ad'p$, dès que ce dernier profil a été tracé. Mais en nous servant de la méthode que nous avons suivie, si nous avons été conduit en quelque sorte à un double emploi, nous avons eu en revanche l'avantage d'indiquer très-explicitement le mouvement complet du profil d'une des cames par rapport à sa conjuguée dans un tour complet. — Les profils que nous venons d'obtenir sont ce qu'on peut appeler les profils *normaux*. Ils conviennent d'ailleurs aussi pour la marche de sens contraire à celle que nous avons considérée. Avec ces profils l'appareil fonctionnerait très-bien, pourvu qu'on eût soin de couper légèrement leurs pointes, telles que d et a, afin de laisser un peu de jeu. De son côté l'espace neutre relatif à la marche à pleine introduction serait représenté par deux fois ($dBq + qpa$). Mais on peut se demander s'il n'y a pas moyen de diminuer cet espace. Cela n'est évidemment possible qu'autant qu'on se départira de la condition fondamentale énoncée ci-dessus, à savoir: que le contact de l'une des cames, la came inférieure par exemple, avec la douille supérieure de fond de cylindre s'étende de C en B au moment où ledit espace ouvre à la vapeur. Or c'est ce qu'on fait en pratique; et alors voici comment on opère pour réduire l'espace neutre :

Considérant une des cames, la came supérieure par exemple, on prend sur le dos de cette came un point a', *fig.* 8, déterminé comme il est expliqué plus bas. Puis sur le milieu f de l'arc aa', on élève une perpendiculaire fc qui rencontre l'épicycloïde en c; et on joint c et a' par une ligne droite. On prend alors pour profil la ligne brisée pca'. Le point a' est choisi par tâtonnement, de façon à ce que la différence entre l'espace $cqac$ et l'espace cfa' soit maximum. Ensuite, ainsi que le montre notre figure, on fait tourner le profil pca' autour du point F ; et on ramène ainsi le rayon Fcf presque sur la ligne FsG des centres, de manière à laisser seulement un *jeu* de quelques millimètres entre cette ligne et le point c. Ce jeu, qui se reportera à peu près intégralement entre les pointes c et a' et le profil od à l'instant de leur plus grand rapprochement, est destiné à prévenir toute rencontre des deux profils; car les imperfections inévitables d'ajustage et les effets de l'usure ne permettent pas aux cames de se mouvoir mathématiquement l'une par rapport à l'autre. — On fait subir au second profil od la même transformation ogd' et le même genre de déplacement qu'au premier profil.

Dans le double déplacement des profils, tous les points de la portion de nœud d'épicycloïde $p'hpca$ d'une part avancent vers la gauche, au jeu près dont nous venons de parler, de la moitié de l'angle aFa'. De son côté, le rayon Gd' tourne d'un pareil angle en sens contraire. Il s'en suit que $p'hpca$ est, en négligeant toujours l'influence du jeu, l'épicycloïde qui correspond au point d'. En effet, si le cercle primitif GE roule de l'arc EE', le rayon Gd' viendra se placer dans l'alignement de Fa, attendu que l'angle $d'GF$ est égal, encore au jeu près, à l'angle aFG; de plus, le point d' se confondra avec h, car Gd' est égal à FG moins Fh. — L'influence du jeu fait qu'en réalité Gd' est un peu à gauche du rayon dont l'extrémité décrit rigoureusement l'épicycloïde $p'hpca$. Il en résulte, ainsi qu'on le voit sur notre figure : 1° que le point d' circule en dehors de l'épicycloïde entre le point p' et un deuxième point de cette courbe situé très-près de h, ce qui n'a aucun inconvénient, puisque la partie matérielle pc du profil ne s'étend pas entre ces points; 2° ce même point d' circule, au contraire, en dedans de l'épicycloïde à partir du deuxième point susmentionné, ce qui assure son passage le long de la partie matérielle pc du profil. Réciproquement, le point a' a son passage parfaitement libre le long du profil og. Il en est de même évidemment pour tous les points des profils situés à gauche du rayon Gd' et à droite du rayon Fa'. — Mais pour l'autre partie, telle que $d'gi$, de chaque profil on peut se demander s'il y aura passage le long de l'autre profil. Ceci exige d'abord que le point g puisse circuler sans rencontrer le profil pc; en d'autres termes, que l'épicycloïde décrite par ce point ne rencontre pas la portion de courbe pc.

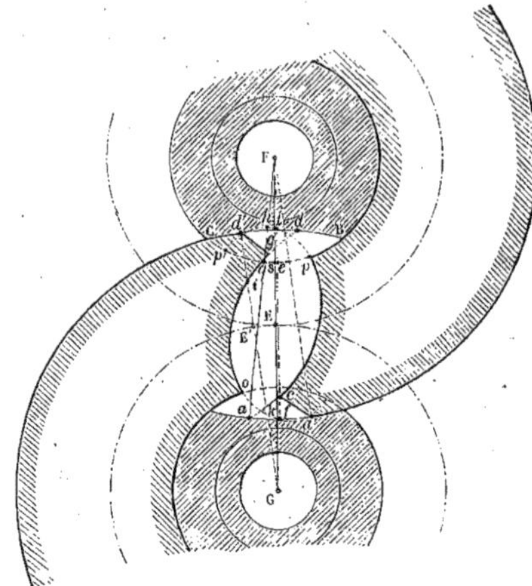

Fig. 8 relative à la modification du profil normal des cames qui donne le profil définitif.

Or supposons qu'on n'ait réservé aucun *jeu*, le point g sera sur FG, et l'axe Fa sera un peu plus à gauche qu'il ne l'est. Si dans cette nouvelle position corrélative on prouve que l'épicycloïde décrite par g ne rencontrera pas pc entre p et c, il est évident qu'il en sera de même *à fortiori* pour les premières positions de ces courbes. Pour nous conformer à notre hypothèse et afin d'éviter l'emploi d'une nouvelle figure, nous supposerons que g et c sont sur FG. Comme cf a sa longueur égale à la distance de g à l'arc CB, et que par suite Fc = Gg, on est déjà certain que l'épicycloïde de g passera juste en c. Mais cette épicycloïde ne saurait rencontrer pc en un autre point compris entre p et c. En effet, d'après une remarque faite exprès plus haut pour le point de croisement des deux branches des épicycloïdes de l'espèce que nous considérons, la normale en c à l'épicycloïde décrite par g sera la tangente au cercle primitif FE menée par c sur la gauche de ce cercle. Or la normale en ce même point c à pc sera une sécante quelconque à ce même cercle ; car elle s'obtiendra en joignant c à un certain point du cercle FE, qui sera évidemment différent du point de contact de ce cercle avec le second cercle primitif dans la position de celui-ci qui donne le point c de l'épicycloïde décrite par g. Donc, elle sera à droite de la première normale. Il en sera de même de la tangente menée en c à pc par rapport à la tangente pareillement en c à l'épicycloïde décrite par g. Par conséquent à partir de c, la portion de cette dernière épicycloïde dirigée vers g s'étendra en dedans de cp. Elle ne pourra donc rencontrer cette dernière courbe en un second point entre c et p; et c'est bien ce qu'il fallait démontrer.

Maintenant si le point g et par suite le rayon Gg ont leur passage assuré, il en sera de même évidemment pour la ligne gi située en arrière de Gg par rapport au sens du mouvement, et dont tous les points sont plus rapprochés du centre G que g. — De son côté, la ligne $d'g$, pour pouvoir circuler, sera évidemment soumise à la seule condition de ne déborder aucun des arcs d'épicycloïde que décriraient sur le profil ogd' les points de la portion du profil cp qui, finissant en c, aurait sa corde égale à gd', si on faisait rouler le cercle primitif FE sur le cercle GE par rapport à ce profil maintenu immobile à partir de la position où le point g se confond avec c. Or tous ces arcs d'épicycloïde passeraient par le point d' en s'étendant au-dessus de la droite gd', vers laquelle ils tourneraient leur concavité. Donc la portion de profil qui nous occupe aura son passage assuré si, comme cela se pratique, on le découpe suivant cette droite.

En résumé, nous venons de prouver que, lorsqu'il n'y a aucun jeu, le *profil modifié* de chaque came peut mathématiquement circuler à l'intérieur de l'un ou l'autre profil de l'autre came au moment où ceux-ci se trouvent en regard du premier. Cette circulation est donc assurée avec une certaine liberté, quand on ménage le jeu dont nous avons parlé plus haut.

Une fois la forme des profils bien arrêtée, il reste à s'assurer si le contact du dos de chaque came avec la douille de fond de cylindre contre laquelle il frotte, possède encore une étendue suffisante au moment où l'espace neutre correspondant ouvre à la vapeur. Or on se rend compte aisément que sur notre *fig.* 8, par exemple, cette étendue, au lieu d'être C*d*B, ne sera plus que C*d*B diminuée de *dd'* et de la portion de CB correspondante au double de ce que nous avons appelé le *jeu*. Si on s'apercevait que cette étendue se trouvât ainsi trop restreinte relativement à ce que la pratique indique, on devrait diminuer la distance FG des centres, de façon à accroître l'étendue de l'arc C*d*B. Mais il ne faut pas perdre de vue qu'en opérant ainsi on augmenterait la surface *t*B*s* $\times$ 2, qui fait partie de l'espace neutre. On serait donc conduit à examiner si, à cause de cette dernière circonstance, il n'y aurait pas avantage à diminuer un peu l'arc *da'*, ce qui exigerait qu'on revisât la taille des extrémités des profils.

Du reste, on peut traiter mathématiquement, ainsi qu'il est expliqué au § III-11, la question de la modification du profil normal des cames. On évitera de la sorte les divers tâtonnements indiqués dans ce qui précède. Mais alors les calculs sont si longs que la méthode pratique que nous venons d'exposer est de beaucoup la plus expéditive.

§ III. — **11. Calcul du volume des espaces neutres.** — Il faut d'abord déterminer la section de chaque espace neutre. A cet effet, on se contente en pratique d'évaluer la portion de surface *spca'k* à l'aide de la formule de Simpson ou de toute autre analogue, en prenant FG pour ligne des abscisses. On y ajoute l'aire *t*B*s*, qu'on détermine d'une manière semblable, mais en prenant CB pour ligne des abscisses; et on multiplie par 2 la somme de ces deux surfaces.— On peut encore, dans une épure à grande échelle et dessinée sur du papier un peu fort et bien homogène, découper toute la surface *tBpca'k*. Puis on la pèse avec une balance très-délicate. On en fait autant d'un carré découpé dans le même papier, et ayant, par exemple, un décimètre de côté. Le rapport du premier poids au second représente évidemment la moitié de la section cherchée exprimée en décimètres carrés. — Quoi qu'il en soit, une fois cette section obtenue, on la multiplie par l'épaisseur des cames; et le produit donne enfin le volume de l'espace neutre.

— On peut déterminer mathématiquement la section de l'espace neutre. A cet effet, nous adopterons dans les calculs les lettres suivantes avec la signification qui les accompagne :

R et R' grand et petit rayon de chaque came.
D distance FG, *fig.* 7, des centres des deux cames conjuguées.

α angle FG'd', que fait le rayon G'd' avec la ligne mobile G'F pour une position quelconque du cercle G'E pendant la génération de l'épicycloïde.
β angle GFd', que fait le rayon vecteur Fd' avec la ligne fixe GF pour la position du rayon G'd' dont l'extrémité détermine le point d' de l'épicycloïde.
ρ longueur variable du rayon vecteur Fd'.
γ angle CGB, *fig.* 8, qui mesure l'étendue de l'échancrure de chaque douille de fond de cylindre.
δ angle fFa', qui correspond au biseau ca' des extrémités des cames, et dont le double forme l'angle aFa' qui sert de point de départ pour la rectification (§ III-10) du profil normal des cames.
j angle kFf, qui correspond à ce que nous avons appelé le jeu (§ III-10).

Nous conviendrons expressément d'exprimer tous les angles ci-dessus par le rapport de la longueur même de l'arc qu'ils interceptent dans une circonférence quelconque au rayon de cette circonférence. En d'autres termes, chacun d'eux sera mesuré par la longueur même de l'arc qui lui correspond dans la circonférence dont le rayon est égal à 1.

La légende précédente étant bien comprise, nous commencerons par déterminer l'équation de l'épicycloïde en ses coordonnées polaires ρ et β, en prenant le point F, *fig.* 7, pour origine.

Le triangle FG'd' donne l'équation :

$$\rho^2 = D^2 + R^2 - 2RD \cos \alpha. \tag{1}$$

Si, dans ce même triangle, on se rappelle (§ III-10) que l'angle G'FG est égal à FG'd' ou β, on en tire la nouvelle relation :

$$\frac{R}{D} = \frac{\sin(\beta + \alpha)}{\sin(\beta + 2\alpha)}. \tag{2}$$

Nous prendrons le système des équations (1) et (2) pour l'équation de l'épicycloïde.

Quand on voudra obtenir une valeur quelconque de ρ en fonction de β, il faudra commencer par déterminer, à l'aide de l'équation (2), la valeur de α qui correspond à la valeur considérée de β. — Malheureusement cette détermination conduit à une équation trigonométrique du 4e degré qu'on ne peut pas abaisser, et qui rend dès lors laborieuse la recherche qui nous occupe. — Quoi qu'il en soit, quand on connaîtra α, on l'introduira dans l'équation (1) pour en déduire ρ.

Au contraire, pour obtenir β en fonction de ρ, on déduit très-simplement de (1) la valeur de α. Puis l'équation (2) donne :

$$tg\,\beta = \frac{R \sin 2\alpha - D \sin \alpha}{D \cos \alpha - R \cos 2\alpha}. \tag{3}$$

Aussi faut-il, autant que possible, tourner les questions à résoudre sur l'épicycloïde qui nous occupe de manière à les faire dépendre de valeurs connues de ρ.

Cela posé, occupons-nous de trouver l'expression de la surface $tBp\,c\,a'\,k \times 2$, *fig.* 8. Cette surface se compose de quatre parties : 1° $CtBsC$; 2° $epc \times 2$; 3° $cfa' \times 2$; 4° $eskf \times 2$, qui provient du jeu.

1° $CtBsC$ = *sect. circul.* CGB — *triangle* CGB + *sect. circul.* CFB — *triangle* CFB

$$= \frac{1}{2}\gamma R^2 - \frac{1}{2}R^2 \sin\gamma + R'^2 \times \left(arc\ sin = \frac{R \sin\frac{\gamma}{2}}{R'}\right) - R \sin\frac{\gamma}{2}\sqrt{R'^2 - R^2 \sin^2\frac{\gamma}{2}}.$$

2° $epc \times 2 = \int_{\beta_1}^{\beta_2} \rho^2 d\beta - 2$ *secteur circul.* pFe.

Dans cette expression, β_1 est égal à aFc et par suite à δ; de son côté, β_2 est la valeur aFp de β qui correspond à $\rho = R'$.

L'équation (3) donne :

$$d\beta = \left(\frac{R(D \cos\alpha - R)}{D^2 + R^2 - 2RD\cos\alpha} - 1\right) d\alpha. \tag{4}$$

Donc, on a en général :

$$\int \rho^2 d\beta = \int [R(D\cos\alpha - R) - D^2 - R^2 + 2RD\cos\alpha]\, d\alpha \tag{5}$$
$$= \int (3RD\cos\alpha - D^2 - 2R^2)\, d\alpha$$
$$= 3RD\sin\alpha - (D^2 + 2R^2)\,\alpha.$$

Il nous reste maintenant à déterminer les valeurs α_1 et α_2 de α qui correspondent à β_1 et β_2.

Pour avoir α_1, on fera dans l'équation (2) $\beta = \delta$; et on la résoudra par rapport à α. Pour éviter l'équation du 4ᵉ degré à laquelle on est ainsi conduit, comme nous en avons prévenu plus haut, on peut avoir recours à la considération suivante : af étant toujours assez petit, rien n'empêche qu'on considère le triangle cfa comme rectiligne. On a alors $cf = (af$ ou $R\delta) \times \text{tg}\, caf$. Mais rappelons-nous (§ III-10) que si par le point a de croisement de l'épicycloïde avec son axe, on mène une tangente au cercle FE, cette droite sera normale en a à l'épicycloïde. Or si on joint au centre F le point de contact ainsi obtenu, on formera un triangle rectangle ayant pour hypoténuse aF, pour un de ses côtés un rayon du cercle FE, soit $\frac{D}{2}$, et enfin pour angle en a un angle évidemment égal à caf. Ce triangle rectangle donnera $\sin caf = \frac{D}{2R}$. On déduit de là que $cf = \frac{R\delta D}{\sqrt{4R^2 - D^2}}$; et par suite le rayon vecteur $Fc = R\left(1 - \frac{\delta D}{\sqrt{4R^2 - D^2}}\right)$. Cette dernière valeur introduite dans l'équation (1) donnera :

$$\cos\alpha_1 = \frac{4R^2D - D^3 - \delta^2 R^2 D + 2\delta R^2\sqrt{4R^2 - D^2}}{2R(4R^2 - D^2)}. \tag{6}$$

Pour déterminer α_2, il n'y a qu'à faire $\rho = R'$ dans l'équation (1). Il vient ainsi :

$$\cos\alpha_2 = \frac{D^2 + R^2 - R'^2}{2RD}. \tag{7}$$

Cette valeur α_2 introduite dans l'équation (2) permettra d'en tirer l'angle β_2 dont la différence avec δ donne l'angle du secteur pFe, à savoir :

$$(8) \qquad tg\,\beta_2 = \frac{R \sin 2\alpha_2 - D \sin \alpha_2}{D \cos \alpha_2 - R \cos 2\alpha_2}.$$

D'après tout cela, on obtiendra :

$$spc \times 2 = 3RD(\sin \alpha_2 - \sin \alpha_1) - (D^2 + 2R^2)(\alpha_2 - \alpha_1) - R'^2 \times (\beta_2 - \delta).$$

3° En faisant le double de la différence entre le secteur fFa' et le triangle Fca', on aura :

$$2\,surf.\ cfa' = \delta R^2 - R \times Fc \times \sin \delta = R^2\left(\delta - \sin \delta + \frac{\delta D \sin \delta}{\sqrt{4R^2 - D^2}}\right).$$

4° On a enfin :

$$eskf \times 2 = j(R^2 - R'^2).$$

— En groupant ensemble les quatre surfaces obtenues en 1°, 2°, 3° et 4°, on arrive à l'égalité suivante :

$$(9) \quad \textit{Section de l'espace neutre} = R^2\left(\frac{\gamma}{2} - \frac{\sin \gamma}{2} - 2\alpha_2 + 2\alpha_1 + \delta - \sin \delta + \frac{\delta D \sin \delta}{\sqrt{4R^2 - D^2}} + j\right) + R\left[3D(\sin \alpha_2 - \sin \alpha_1) - \sin \frac{\gamma}{2}\sqrt{R'^2 - R^2 \sin^2 \frac{\gamma}{2}}\right]$$
$$+ R'^2\left[\left(arc \sin = \frac{R \sin \frac{\gamma}{2}}{R'}\right) - \beta_2 + \delta - j\right] - D^2(\alpha_2 - \alpha_1).$$

Cette équation, jointe aux équations (6), (7) et (8), permettra de calculer mathématiquement la section qui nous occupe ; et cette section multipliée par l'épaisseur des cames, donnera le volume de chaque espace neutre.

— L'équation (9) permet aussi de résoudre théoriquement la question de la rectification (§ III-10) du profil normal des cames. Il suffira évidemment pour cela de chercher la valeur de δ qui rend minimum le second nombre de cette équation ; en d'autres termes, de prendre la dérivée du second nombre par rapport à δ, et d'égaler cette dérivée à zéro. Il faudra avant tout, dans cette différenciation, remarquer que α_1 est fonction de δ. Il en est de même de γ, qui doit être relié à δ et à j par l'équation :

$$(10) \qquad \gamma = constante + 2\delta + 2j,$$

afin d'assurer un portage d'une étendue déterminée du dos de chaque came contre la douille opposée de fond de cylindre, au moment où l'espace neutre va ouvrir du côté de l'introduction.

En opérant comme nous venons de l'indiquer, on arrive à une équation à cinq inconnues δ, α_1, γ, $\frac{d\alpha_1}{d\delta}$ et $\frac{d\gamma}{d\delta}$. Si à cette équation on joint l'équation (6) et sa dérivée $\frac{d\alpha_1}{d\delta}$, ainsi que l'équation (10) et sa dérivée $\frac{d\gamma}{d\delta}$, on obtiendra cinq équations qui renfermeront les cinq inconnues que nous venons de mentionner. Il sera donc possible d'arriver à une équation en δ seul. On trouve, en effet, assez facilement une équation transcendante en δ. — Comme δ doit être assez petit, on peut résoudre cette équation par la méthode des approximations successives. A cet effet, on remplace les lignes trigonométriques en δ par leurs développements en séries ; on ne prend d'abord pour chaque ligne que le nombre de termes voulu pour arriver à une équation qui ne renferme que les premières puissances de δ. On tire de l'équation ainsi obtenue une première valeur δ_1 de δ. Puis, prenant maintenant dans les séries susmentionnées assez de termes pour avoir une équation en δ et δ^2, on remplace dans cette nouvelle équation toutes les secondes puissances de δ par δ_1^2 ; et on a une nouvelle équation du premier degré en δ, qui donnera pour cette inconnue une valeur suffisamment approchée.

Avec cette valeur, on procédera à la rectification du profil normal des cames, en suivant les indications du § III-10, mais sans avoir besoin actuellement de se livrer à aucun tâtonnement.

Malheureusement les calculs que nous venons de mentionner sont très-laborieux, et ne mènent qu'à un résultat trop complexe pour pouvoir convenir dans les applications. C'est pourquoi nous nous sommes bornés à indiquer la marche à suivre, renvoyant à la méthode par tâtonnement du § III-10 pour la solution pratique de la question qui nous occupe.

§ IV. — Divers types de rotatives Behrens construits par l'usine Pétau.

Outre le type de l'appareil d'épuisement de cale décrit au § II, l'usine Pétau, à Passy-Paris, a déjà fourni à la Marine impériale plusieurs spécimens d'un autre type

Fig. 9. Type de rotative Behrens pour petit cheval de la Marine impériale (échelle $= \frac{1}{6}$)

Vue 1°. Perspective de l'appareil.

destiné à remplacer les petits chevaux actuels. — Ce second type est représenté *fig.* 9.

Fig. 9, vue 2°. Plan de l'appareil.

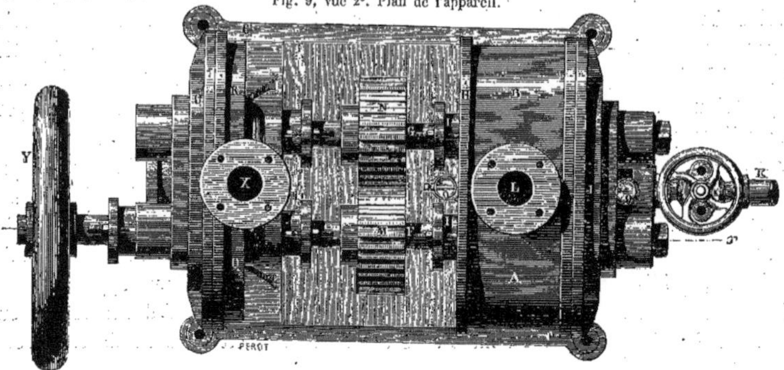

Fig. 9, vue 3°. Coupe longitudinale suivant $x x$, *vue* 2°.

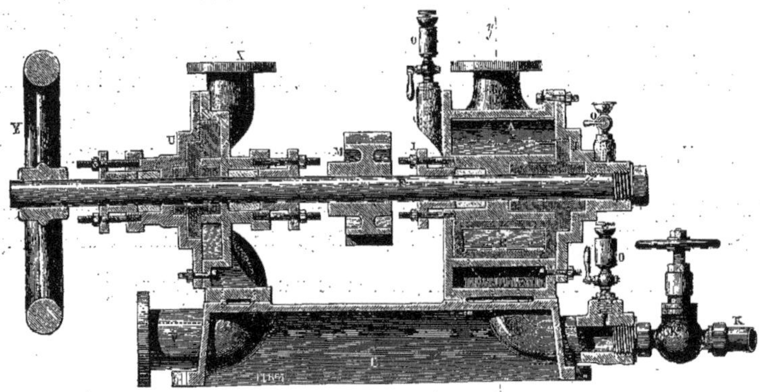

Fig. 9, vue 1°. Coupe transversale suivant $y y$, *vue* 2°.

La légende du § II s'applique complétement ici, seulement il faut ajouter à cette légende la lettre suivante :

K' robinet servant de valve de prise de vapeur.

Le type qui nous occupe peut refouler dans la chaudière, contre une pression de 3^{at} absolues, et à la vitesse de 300 tours par minute, 6 mètres cubes d'eau à l'heure. Son poids est de 100 kilogrammes environ ; et son prix s'élève à 1000 francs.

— La *fig.* 10 représente aussi un type de pompe à vapeur, mais avec machine fonc-

Fig. 10. Type de rotative Behrens à détente Woolf commandant une pompe de même système.

tionnant au Woolf. La légende du § II est encore applicable ici ; il suffit d'y ajouter la lettre K' avec la même signification que pour le type précédent.

Dans le type actuel, le cylindre à vapeur AB est séparé en deux compartiments par une cloison verticale perpendiculaire aux axes des arbres. Dans chacun de ces compartiments, il y a une paire de cames. La vapeur arrive par le tuyau K, et pénètre dans celui des compartiments dont nous venons de parler situé le plus à droite. Après y avoir travaillé, elle s'échappe dans le second compartiment, qui est trois fois plus grand que le premier. Là elle fonctionne en se détendant d'après le système Woolf (§ III-7), et s'échappe par le tuyau L.

— La *fig.* 11 représente un type sans pompe fonctionnant au Woolf, et destiné à commander un train d'arbres d'atelier à l'aide d'une courroie capelée sur le volant. La

Fig. 11. Type de rotative Behrens à détente Woolf pour machine d'atelier.

légende du § II convient encore ici ; mais il faut en retrancher ce qui concerne la pompe, et y ajouter au contraire les deux lettres suivantes :

K' robinet servant d'organe de prise de vapeur.
Z manomètre indiquant la pression de la vapeur de la chaudière.

— Enfin, on voit en *fig.* 12 un type pour machine à hélice. Nous renverrons pour cette figure à la partie de la légende du § II qui a trait à la machine proprement dite de la figure 1, en y ajoutant d'ailleurs les quelques lettres que voici :

K' robinet formant valve de prise de vapeur.
K'' espèce de boisseau de robinet, à trois orifices et à fond percé. L'un des orifices débouche dans L, et le second dans le canal *k* qui aboutit à la boîte à détente *k'*. Le troisième orifice communique avec un second canal diamétralement opposé à *k*, et qui forme le prolongement du conduit d'évacuation du cylindre. Enfin, le fond percé donne dans le bas du tuyau K. — Dans le boisseau qui nous occupe se trouve ajustée une valve formant comme une moitié de noix de robinet qu'on aurait évidée sur son pourtour en conservant ses deux extrémités pleines. Cette valve permet de faire marcher la machine dans les deux sens. A cet effet, pour une certaine ouverture de l'organe, la vapeur se rend du tuyau K dans le canal *k*, arrive ainsi dans la

boîte à détente, et parvient enfin au cylindre, où elle donne aux cames un mouvement convenable pour la marche en avant. Du même coup, le conduit d'évacuation du cylindre est mis en communication avec le tuyau L. — Pour une autre ouverture de la valve, ce sont des effets opposés qui se produisent. En d'autres termes, le tuyau k, et par suite la boîte à détente et le conduit habituel d'introduction du

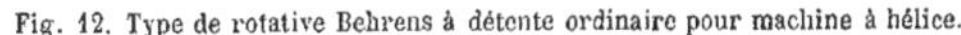

Fig. 12. Type de rotative Behrens à détente ordinaire pour machine à hélice.

cylindre, sont mis en communication avec le tuyau L, tandis que la vapeur afflue dans le cylindre par le conduit de ce récipient destiné à l'évacuation dans la marche en avant. Donc, pourvu qu'on déclanche l'organe de détente, de manière à en maintenir les orifices ouverts, il est évident que la nouvelle ouverture de la valve fera tourner la machine en sens contraire de tout à l'heure.

g excentrique de détente.

§ V. — Résumé des principales expériences faites sur le Behrens.

La valeur définitive du Behrens ne pourra être péremptoirement établie que par des essais comparatifs entre des rotatives de ce système et des machines ordinaires, placées les unes et les autres dans les conditions les plus favorables de rendement, conformément aux principes de la thermodynamique. Malheureusement on ne s'est livré jusqu'ici qu'à des expériences très-incomplètes. Elles ont été entreprises par la Marine impériale à Paris, Indret, Toulon et Cherbourg, sur des rotatives commandant des pompes. Nous nous bornerons à résumer succinctement les rapports relatifs à ces expériences.

§ V. — **1. Expériences de Paris faites par M. l'ingénieur Mangin.** — L'appareil essayé était du type représenté *fig.* 10. Il fonctionnait au Woolf avec évacuation à l'air libre, et commandait une pompe à eau. Les dimensions des pièces fondamentales étaient les suivantes :

Cylindre d'admission et pompe.	grand diamètre des cames	0m,270
	petit d° d°	0m,135
	épaisseur des cames	0m,055
Cylindre de détente.	grand diamètre des cames	0m,270
	petit d° d°	0m,135
	épaisseur des cames	0m,165
	rapport du volume du cylindre de détente au volume du cylindre d'admission	3,000

Voici les résultats moyens des observations :

Pression effective s'opposant à la sortie de l'eau de refoulement en *cm* de mercure	229cm,6
Pression absolue de la vapeur à l'entrée du cylindre d'admission	3at,9
Nombre de tours moyen à la minute	272t,6
Débit mesuré de la pompe *par tour* à la vitesse ci-dessus	1lit,9494
Puissance théorique de la machine déduite en admettant la loi de Mariotte (voir § III-7) en chevaux de 75 km	5ch,61
Puissance de la machine mesurée en eau montée par la pompe	3ch,69
Rapport de cette puissance à la précédente	0,656

Les résultats relatifs à la consommation de vapeur et de charbon ne sont pas à considérer. Car, d'après l'expérimentateur lui-même, ils ont été relevés dans des conditions inacceptables. Il reste à ajouter aux chiffres que nous venons de donner les conclusions suivantes :

Les fuites de vapeur paraissent être nulles. La netteté des bruits produits par l'échappement lorsque la vapeur est sèche l'indique clairement. Mais il y a des espaces morts assez considérables, car ils s'élèvent à près de 10 % du volume théorique du cylindre, et c'est là certainement un obstacle sérieux à une utilisation satisfaisante de la machine. (Voir la réfutation de cette objection § III-6.)

En résumé, l'essai qui nous occupe, tout incomplet qu'il est, permet de conclure que la machine Behrens ne peut être considérée comme une machine économique, au moins dans son état actuel (voir § I-3). Néanmoins elle ne possède pas un rendement assez faible pour qu'elle ne puisse être regardée comme une très-bonne machine alimentaire. Bien plus, la question de consommation étant d'une importance tout à fait secondaire pour les machines de l'espèce, l'essai dont il s'agit confirme dans l'opinion que l'appareil Behrens est peut-être la meilleure machine alimentaire actuellement connue. Les avantages qu'elle offre par l'extrême simplicité du mécanisme, par la sûreté de son fonctionnement, par la suppression complète des chocs dans le tuyautage, compensent, et bien au delà, l'infériorité qu'elle peut présenter au point de vue de l'utilisation de la vapeur dépensée.

§ V. — **2. Expériences de Toulon.** — Ces expériences ont été faites comparativement entre le type Behrens, représenté au 1/6, *fig.* 9, et un petit cheval réglementaire du type n° 2. Les principales données de la rotative étaient :

CAMES A VAPEUR.	grand diamètre	0m,160
	petit diamètre	0m,076
	épaisseur	0m,110
CAMES A EAU.	grand diamètre	0m,160
	petit diamètre	0m,076
	épaisseur	0m,022
Nombre de tours normal par minute		300tr
Volume d'eau devant être refoulé par heure contre une pression de 5at absolues.		6000lit

De leur côté, les données relatives au petit cheval étaient :

Diamètre du piston à vapeur	0m,200
Course id. id.	0m,200
Diamètre du piston de la pompe	0m,100
Course id. id.	0m,200
Nombre de tours normal par minute	70
Volume d'eau devant être refoulé par heure contre une pression de 5at absolues	5634lit

Ces deux appareils ont été mis exactement dans les mêmes conditions de fonctionnement, c'est-à-dire qu'ils recevaient leur vapeur de la même chaudière, et y refoulaient de l'eau puisée dans une bâche commune. D'ailleurs ils travaillaient à pleine introduction, et l'évacuation avait lieu à l'air libre.

— Dans les essais, les deux appareils ont débité à peu près la même quantité d'eau à l'heure pour leur régime normal. Mais le Behrens pouvant dépasser ce régime sans inconvénient, faculté dont ne jouit pas le petit cheval, on était à même d'augmenter son débit. Sa vitesse a pu ainsi être portée jusqu'à 500 tours par minute. Ajoutons qu'on n'a pas pu la faire descendre au-dessous de 40 tours.

Le rendement de volume du petit cheval, c'est-à-dire le rapport du volume engendré par le piston de la pompe au volume d'eau réellement refoulé, a varié de 98 à 152 %; il diminuait avec la pression à la chaudière et la vitesse de fonctionnement. Le chiffre $152 > 100$ s'explique par ce fait, que la pompe joue en quelque sorte le rôle de bélier hydraulique. Le liquide refoulé se trouve animé d'une grande vitesse; et il en résulte que, pendant quelques instants de l'ascension du piston, l'eau du tuyau d'aspiration se précipite dans le tuyau de refoulement. Toutefois, ce n'est là qu'un avantage plus apparent que réel; car l'excès de vitesse que l'eau de refoulement doit alors prendre représente de la force vive et par suite du travail dépensé. Le surcroît d'alimentation résultant de l'effet qui nous occupe, coûte autant que s'il avait été obtenu naturellement. On serait même porté à croire qu'il coûte plus, parce que l'eau possède en coulant dans la chaudière un excès de vitesse qui est inutile en lui-même, et s'éteint au milieu de la masse liquide. Mais l'effet de cette extinction n'est pas perdu, attendu que la perte de force vive correspondante se change en chaleur qui se communique à l'eau du générateur.

Le rendement de volume de la pompe du Behrens, c'est-à-dire le rapport de son débit théorique (§ III-8) au volume d'eau réellement refoulé, a varié de 42 à 78 %. Ce rendement était d'autant plus élevé que la pression était plus basse dans la chaudière. Il augmentait pareillement quand la vitesse s'accélérait. Il résulterait de là qu'il y a, en principe, avantage à faire fonctionner le Behrens à de très-grandes vitesses. Malheureusement cette manière de faire accroîtrait la rapidité de l'usure des parties frottantes. — D'autre part, pendant le cours d'un même essai, il se produisait des accélérations ou des ralentissements d'allure sans cause apparente.

Les divers phénomènes que nous venons de citer, et qui ne sont pas expliqués dans le rapport dont nous donnons le résumé, doivent s'attribuer à l'imparfaite étanchéité des surfaces frottantes. Il n'est pas douteux, en effet, qu'il ne s'interpose une couche de vapeur (ou d'eau, s'il s'agit d'une pompe) excessivement mince entre les surfaces mobiles et les pièces fixes contre lesquelles elles portent. Ces couches de fluide sont entraînées dans le mouvement, et elles le sont d'autant mieux que la rotation est plus rapide. Mais il arrive parfois qu'elles se disloquent. En pareil cas, le fonctionnement de l'appareil s'en ressent immédiatement, et devient moins bon, jusqu'à ce qu'il se soit reformé comme une nouvelle garniture de fluide. L'effet que nous analysons est d'ailleurs d'autant plus marqué que les résistances que les cames ont à vaincre sont plus considérables; car les pièces mobiles jouent alors davantage dans leurs portages. Mais, à notre avis, ces imperfections disparaîtront dès que l'usine Petau aura atteint dans l'ajustage de ses appareils cette précision à laquelle les meilleurs ateliers ne parviennent jamais qu'après la confection d'un grand nombre de pièces identiques. D'ailleurs, les pattes d'araignée (voir § II) pratiquées dans le plat des disques de l'appareil *fig.* 1 afin de produire une interposition constante d'huile entre les surfaces frottantes, forment une disposition très-avantageuse pour combattre les inconvénients que nous venons de signaler.

— Pour le rendement de travail et la consommation de combustible du petit cheval et du Behrens, nous ne citerons que des résultats comparatifs; car les résultats *absolus* nous ont paru ne présenter aucun degré de certitude, et être entachés d'erreurs considérables, mais heureusement sans influence notable pour la comparaison dont il s'agit.

Le cheval de 75km. effectif, c'est-à-dire évalué en eau refoulée, a consommé le même poids de vapeur dans les deux appareils pour une résistance au refoulement de $2^{at},25$ absolues; mais pour une résistance de 4^{at}, il a coûté avec le Behrens près du double de la dépense afférente au petit cheval.

— L'encombrement et le poids des appareils alimentaires ont, pour les machines destinées à fonctionner à bord des bâtiments, une importance capitale. Sous ce double point de vue, le Behrens présente des avantages incontestables. L'appareil de ce système qui a été expérimenté, pesait 126 kilogrammes ; il occupait un volume de $0^{m\,cub},144$, et coûtait 1000 francs. Le prix du brevet entre sans doute pour une proportion notable dans cette somme. — Le petit cheval employé pesait 368 kilogrammes, avait un encombrement de $0^{m\,cub},765$ et coûtait 1800 francs d'après les marchés en vigueur. — Quand l'appareil Behrens ne coûtera plus que ce qu'il vaut réellement, on pourra, pour une même dépense, acheter trois appareils au lieu d'un, et se ménager ainsi des rechanges, tout en bénéficiant sur le poids, l'encombrement et le prix.

Les petits chevaux réglementaires fonctionnent parfaitement quand la pression est un peu élevée; mais il est difficile de les mettre en marche quand la tension aux chaudières est inférieure à 60^{cm}. — L'appareil Behrens n'a jamais hésité à partir pendant toute la durée des expériences. Il tourne pour une pression de 38^{cm} seulement, alors que le petit cheval est incapable de fonctionner. C'est là un avantage très-sérieux que six semaines de fonctionnement ne lui ont pas enlevé.

Le mécanisme de l'appareil Behrens est plus simple que celui du petit cheval, et ne présente pas de grandes chances d'avaries. L'usure des disques mobiles peut nuire au rendement; mais on y remédie en accélérant la vitesse de façon à retrouver le même débit.

Des expériences plus prolongées indiqueront combien il faudra de mois et peut-être d'années pour mettre l'appareil hors d'état de fonctionner. La construction des appareils Behrens demande une grande précision d'ajustage. Si cette précision rend les réparations à la mer trop difficiles, on sera obligé de se précautionner de pièces de rechange. Du reste, la mise en place de ces pièces n'exigera jamais beaucoup de temps; car l'appareil tout entier peut être décomposé dans ses éléments et remonté en moins d'une heure.

§ V. — **3. Expériences d'Indret.** — Ces expériences ont été faites, comme celles de Toulon, sur un appareil Behrens du type *fig.* 9. Cet appareil prenait sa vapeur dans une chaudière à haute pression. L'eau était puisée dans une bâche à l'air libre, et refoulée dans un réservoir contenant de l'air comprimé maintenu à $2^{at},8$ absolues, tension des chaudières actuelles de la flotte. — Voici les principaux résultats obtenus :

On a d'abord fonctionné avec une pression à la chaudière de $5^{at}\ 1/2$ absolues. Il a été ainsi possible, en faisant varier l'ouverture de l'organe de prise de vapeur, d'obtenir 200, 250, 300, 350, 400 tours par minute et au delà. En ouvrant en grand, la rotation devenait si rapide qu'il était impossible de compter les tours même approximativement. Mais d'après le débit observé, on a dû faire 700 tours. — La quantité d'eau refoulée était très-sensiblement proportionnelle au nombre de tours. Elle s'est élevée à environ 1800 litres par heure quand la machine faisait 100 tours à la minute, et à 7200 litres pour 400 tours. Cela faisait $0^{lit},300$ par tour, tandis que le volume développé par les cames était égal à $0^{lit},379$. Le rendement de volume était donc $\frac{300}{379}=0,8$.

La quantité de vapeur dépensée par heure augmentait beaucoup moins rapidement que le nombre de tours. Dans les essais où ce nombre de tours a pu être compté, cette quantité est représentée avec une assez grande exactitude par l'expression $82^{kg} + 0^{kg},03 \times$ *le nombre de tours*, ce qui donne :

pour 200 tours à la minute	. . . .	88^{kg}
300 d°	. . . .	91^{kg}
400 d°	. . . .	94^{kg}.

Toutefois, remarquons que les dépenses de vapeur sont extrêmement exagérées, et que c'est surtout leur rapport qu'il faut considérer; car les expériences avaient lieu en plein air par un temps humide et froid et sans aucune enveloppe aux tuyaux ni à la machine.

D'après ce qui précède, la quantité d'eau refoulée par kilogramme de vapeur dépensé a varié comme il suit, avec le nombre de tours :

à 200ᵗ	1ᵏᵍ de vapeur refoulait.	40ˡⁱᵗ,9
300ᵗ	1ᵏᵍ d°	59ˡⁱᵗ,3
400ᵗ	1ᵏᵍ d°	77ˡⁱᵗ,8.

Ainsi qu'on devait s'y attendre, l'utilisation a augmenté très-sensiblement avec la vitesse; mais elle a toujours été très-médiocre, quoique bien supérieure à celle du petit cheval comparé.

Afin de se tenir dans les mêmes conditions qu'à bord des navires avec appareils évaporatoires à moyenne pression, on a ensuite ramené la tension de la chaudière à $2^{at},8$ absolues, comme dans le réservoir où la pompe refoulait son eau. Sous le rapport de l'utilisation, cet essai a donné les mêmes résultats que les précédents.

— En faisant fonctionner dans les mêmes conditions un petit cheval réglementaire du type n° 2 (§ V-2), on a réalisé 80 tours à la minute, et refoulé 7381 litres d'eau par heure pour une dépense de 151 kilogrammes de vapeur ce qui ne fait que 49 litres par kilogramme de vapeur.

Il est évident, d'après ce résultat, que les petits chevaux sont des appareils médiocres, ce qui tient surtout à la faible vitesse à laquelle ils marchent, à leur fonctionnement sans détente et à la grandeur de leurs espaces morts.

— En résumé, la machine Behrens essayée à Indret fournit autant d'eau que le petit cheval réglementaire du type n° 2. Elle fonctionne sans bruit, tandis qu'au delà de 60 tours, le petit cheval devient assourdissant. Elle consomme beaucoup moins de vapeur que celui-ci. Enfin elle n'a que le 1/3 de son poids et le 1/5 de son encombrement. Le mouvement de rotation est très-doux, presque sans autre bruit que celui de l'échappement de la vapeur, et n'a donné lieu à aucun échauffement, même aux plus grandes vitesses. — La machine s'est souvent arrêtée subitement sans cause apparente (voir l'explication de ce fait au § V-2); mais il suffisait alors de tourner au volant pour la faire repartir.

Les joints des couvercles de la pompe et des cylindres à vapeur donnent lieu à de petites fuites, qui jusqu'ici sont de peu d'importance. Les derniers jours la machine a commencé à rendre un son de ferraille, qui a obligé à la démonter. On a reconnu que toutes les clavettes (celles des roues dentées comme celle des cames) avaient pris du jeu ; et que toutes les goupilles en acier qui tiennent ces pièces pour les empêcher de courir sur les arbres, étaient rompues en trois morceaux. Il y avait aussi un peu d'usure et un léger grippement des cames de la pompe dus à l'impureté de l'eau aspirée. Mais, en définitive, toutes ces petites avaries étaient sans importance et d'une réparation facile et prompte.

§ V. — **4. Expériences de Cherbourg.** — Ces expériences ont été entreprises sur l'appareil d'épuisement de cale du vaisseau *le Solférino*, dont la description et les conditions de fonctionnement ont été données au § II, et dont voici les principales dimensions :

CYLINDRES A VAPEUR.	Diamètre	$0^m,76$
	Longueur de chaque cylindre	$0^m,45$
	Volume de vapeur introduit par tour dans les deux cylindres	$0^{m\ cub},344$
	Diamètre du tuyau d'introduction	$0^m,13$
	Diamètre du tuyau d'évacuation	$0^m,22$
POMPE	Diamètre	$0^m,78$
	Longueur	$0^m,50$
	Volume engendré par l'aspiration des cames, à chaque tour	$0^{m\ cub},212$
	Diamètre du tuyau d'aspiration	$0^m,40$
	Diamètre du tuyau de refoulement	$0^m,40$

Ajoutons que le tuyau d'aspiration de la pompe vient puiser l'eau auprès de la carlingue centrale. — De son côté, le tuyau de refoulement monte obliquement, par un coude très-doux, jusqu'à la batterie basse du vaisseau. Il débouche à travers une boîte à soupape située à $8^m,50$ au-dessus de l'orifice d'aspiration, et qui, malheureusement, force l'eau à sortir en faisant un coude à angle droit.

Dans des essais préliminaires, la différence de dilatation entre les cylindres à vapeur et les cames, faisait coïncer ces dernières contre les parois des cylindres, lorsque, après un certain nombre de tours, elles étaient arrivées à prendre la température de la vapeur. Mais, après avoir relimé avec soin toutes les surfaces frottantes, on est parvenu à très-bien fonctionner. — La commission de recette s'est alors réunie pour assister aux essais définitifs.

La cale remplie jusqu'à la hauteur des parquets de la machine, fut vidée en quatre minutes. — On procéda ensuite à la mesure précise du débit de la pompe. A cet effet, on fit arriver l'eau dans un bassin de radoub rempli préalablement jusqu'à la première banquette. Cette évacuation nécessitant un tuyau en prolongement de celui du navire, l'orifice d'écoulement se trouvait, en somme, à $9^m,50$ au-dessus de la prise d'eau de la cale. — L'expérience dura deux heures, et fournit les résultats suivants :

Pression effective aux chaudières	150^{cm}
Nombre de tours	85
Débit de la pompe par heure, y compris 10 % ajoutés pour tenir compte du coude brusque que l'eau traverse à sa sortie du navire	$1100^{m\ cub}$
Consommation de charbon par heure et par mètre cube d'eau élevé à 10 mètres	$0^{kg},800$

On voit d'après ce tableau que le débit de la pompe a été inférieur de 700 mètres cubes au chiffre mentionné au cahier des charges. C'est évidemment là un mécompte qui provient simplement de ce que les cames à vapeur n'ont pas été assez largement proportionnées, mais qui est loin néanmoins de faire perdre au système sa supériorité notable sur tout autre appareil d'exhaustion. — Les résultats en eux-mêmes sont fort beaux. Il ne faut pas, d'ailleurs, perdre de vue que la mauvaise disposition des tuyaux d'aspiration et de refoulement de la pompe, jointe à la grande vitesse avec laquelle l'eau est rejetée, occasionne une perte de travail considérable. — D'un autre côté, l'évacuation de la vapeur ayant lieu à l'air libre, et la pression absolue d'introduction n'étant que de 3 atmosphères, il y a un tiers environ de la poussée qui se trouve perdue. Mais on a remédié à cet inconvénient en installant un conduit avec obturateur allant du tuyau d'aspiration de la pompe au tuyau d'évacuation des cylindres à vapeur, qu'on a muni lui-même d'un diaphragme. Une fois que l'appareil mis en train comme d'habitude est bien lancé, on manœuvre rapidement les deux obturateurs de façon à fermer à la vapeur d'évacuation l'échappement en plein air, et à lui ouvrir au contraire une issue dans le tuyau d'aspiration de la pompe, qui devient ainsi un véritable condenseur.

§ V. — **5. Conclusions générales tirées des expériences.** — Le Behrens est, sous tous les rapports, supérieur aux petits chevaux. Néanmoins dans son état actuel c'est un appareil dépensier. Mais en y apportant les mêmes perfectionnements (§ I-3), au point de vue thermodynamique, qu'aux meilleurs machines ordinaires d'aujourd'hui, nous avons la ferme conviction qu'il deviendrait aussi économique que ces dernières. Cette opinion paraîtra d'autant plus plausible qu'il importe de se souvenir (§ III-6) que l'influence de la grandeur des espaces neutres du Behrens est presque complétement annulée quand on marche à une grande détente. D'un autre côté, quand on fonctionne au Woolf, ladite influence, d'après le fait même que nous rappelons, ne se fait presque pas sentir sur le cylindre de détente ; et on peut la restreindre pour le cylindre admetteur en le faisant travailler avec expansion directe. D'ailleurs pour combattre les autres inconvénients du Behrens, il suffit de se conformer aux indications suivantes :

1° Équilibrer les cames d'une manière convenable (2e partie, § V-3). — 2° Laisser assez de jeu entre leur pourtour et les parois de leur cylindre, pour qu'il n'y ait aucun coïnçage à craindre par suite de la différence de dilatation. Cette différence de dilatation cesserait du reste d'exister avec une chemise à vapeur. Seulement, en pareil cas, il faudrait avoir soin de faire circuler la vapeur dans la chemise quelque temps avant la mise en marche, de façon à bien échauffer le cylindre en premier. — 3° Ne pas dépasser la vitesse de rotation fixée par le fabricant. — 4° Établir un graissage automatique continu.

Avec ces précautions prises, les organes de l'appareil peuvent rester en bon état un temps extrêmement long. Ainsi, la machine motrice de l'atelier de M. Petau a marché pendant un an sans interruption ; et la visite des pièces a fourni les meilleurs résultats.

Dans tous les cas, le système doit être établi sur une plaque de fondation parfaitement rigide. En outre, quand il est employé comme machine motrice d'atelier, celui des deux arbres de couche qui entraîne la courroie de commande doit être soutenu par un palier très-solide. Il faut qu'il en soit de même pour les machines de bateau, et que de plus on fasse entraîner la ligne d'arbres d'hélice par un joint à la cardan, qui soustraie l'appareil lui-même à toute influence de dénivellation de cette ligne. Sans ces précautions, celui des deux arbres de couche qui transmet le mouvement de la machine tendrait à se déplacer, ce qui entraînerait des coïnçages des dents des engrenages entre elles, et empêcherait les cames de porter à plat contre les parois de leur cylindre.

FIN DE LA PREMIÈRE PARTIE.

DEUXIÈME PARTIE

LA QUESTION
DE LA STABILITÉ DES MACHINES

§ I. — Définition de la question.

Dans toutes les machines, les organes en mouvement développent des forces d'inertie, qui croissent rapidement avec la vitesse et la masse des pièces mobiles. Ces forces, jointes à la variabilité, quand elle existe, du mode d'action des poids de ces mêmes pièces, mettent en jeu et l'élasticité de toutes les parties de la machine, et les réactions des appuis, à cause du changement incessant de leurs intensités, de leurs directions et de leurs points d'application. Aussi sont-elles la cause de vibrations et de secousses susceptibles de devenir dangereuses, sans compter que tous les phénomènes qui se développent alors, ne se produisent pas sans absorber une plus ou moins grande quantité de forces vives, qui diminue d'autant le travail utile de la vapeur.

Ces inconvénients ont été signalés depuis longtemps pour les locomotives; et on s'en est préoccupé vivement pour les machines marines depuis l'adoption des appareils puissants à grande vitesse. — Mais il importe de bien distinguer : 1° les effets qui résultent des vibrations inhérentes au mode de mouvement des pièces mobiles elles-mêmes, et aux chocs dus au jeu, si minime qu'il soit, qu'on est obligé de laisser subsister aux articulations, et qui se manifestent particulièrement lors des renversements de portage des organes; 2° les perturbations beaucoup plus considérables qu'engendrent toutes les forces citées plus haut, en agissant sur l'ensemble de l'appareil pour le faire jouer sur ses assises.

Les effets indiqués en 1° se réduisent dans tous les cas au minimum, en employant une bonne régulation pour les tiroirs, et en rendant aussi constant que possible (§ IV) le couple moteur de rotation. Dans les machines à mouvement de va-et-vient, on ne fait ainsi que les restreindre en partie, et il n'y a pas moyen de les annuler entièrement. Mais comme, en définitive, leur action vibratoire est secondaire, on les subit sans trop d'inconvénient. — De leur côté, les perturbations considérables mentionnées en 2° peuvent dans certains cas se supprimer, et en général être notablement atténuées à l'aide de combinaisons qui permettent d'équilibrer toutes les forces d'inertie entre elles, et les poids des pièces mobiles entre eux. C'est dans cette équilibration plus ou moins complète, et qui a pour but spécial de prévenir tout jeu de l'ensemble de l'appareil sur ses assises, que consiste ce qu'on appelle la *Stabilité des machines*. — Il importe d'ajouter que la stabilité ne se trouve pas en principe influencée par la résistance que la machine a précisément pour objet de vaincre; car cette résistance est d'ordinaire d'intensité et de direction constantes ou à peu près. Bien plus, quand son action sur la machine se réduit uniquement à un couple, comme dans le cas d'une hélice à mouvoir, l'appareil devrait, s'il possédait une *stabilité parfaite*, pouvoir fonctionner en étant simplement posé sur ses supports sans y être assujetti ou relié en aucune façon.

L'importante question dont il s'agit est très-imparfaitement connue. Au lieu d'être embrassée dans toute sa généralité, elle n'est le plus souvent envisagée qu'à un point de vue très-restreint. Ainsi, entre autres, dans tous les écrits sur les machines marines où on parle de l'équilibration de ces machines, on s'est toujours borné jusqu'ici à prendre pour objectif l'équilibre statique parfait des pièces mobiles autour de l'axe de l'arbre de couche, sans d'ailleurs préciser en aucune façon les bons effets qui doivent en résulter. Dans d'autres ouvrages, on parle surtout de la nécessité d'obtenir que le centre de gravité de tout l'ensemble des pièces mobiles conserve une position constante par rapport aux parties fixes de la machine. Mais, comme on le verra dans la suite, ce ne sont là que quelques points du problème : la question demande à être considérée d'une manière plus générale. Il est donc d'un très-grand intérêt de poser les principes certains et complets de la *Stabilité des machines*, et de les vulgariser le plus possible. Différents auteurs ont déjà traité ce sujet. M. Yvon Villarceau, membre de l'Institut, est le premier qui s'en soit occupé dans un savant mémoire intitulé : « *Stabilité des locomotives.* » Sont venus ensuite MM. Résal et Arnoux, ingénieurs des mines. — Nous pensons qu'on peut aborder la question, non-seulement d'une manière beaucoup plus élémentaire et plus naturelle qu'on ne l'a fait jusqu'ici, mais de plus en ne cessant pas un instant d'avoir sous les yeux les forces mêmes qu'il s'agit de combattre. D'ailleurs rien ne s'oppose à ce qu'on envisage simultanément les machines fixes et les locomotives. Nous allons développer notre méthode.

§ II. — Principes généraux de la stabilité des machines.

§ II. — **1. Exposé de la méthode adoptée.** — Dans les machines, soit que la vapeur pousse, soit qu'elle fasse contre-pression, elle produit à chaque instant sur l'ensemble du système des actions mutuelles égales et de sens contraire. Ces actions se détruisent donc constamment au point de vue du jeu de tout le système. Il en est de même de tous les frottements des pièces de la machine. Dès lors, d'après le *principe de d'Alembert*, ces frottements et lesdites actions étant laissés de côté, il devrait y avoir à chaque instant équilibre entre les forces provenant des réactions des appuis, les poids de toutes les parties, et les forces égales et directement opposées à celles qui produiraient sur les pièces mobiles supposées libres les mouvements qu'elles possèdent réellement, c'est-à-dire les *forces d'inertie* dues au jeu même des pièces. Si toutes les parties de l'appareil ainsi que ses appuis étaient d'une inflexibilité mathématique, l'équilibre dont il s'agit s'établirait à chaque instant sans aucune secousse, et il n'y aurait pas à s'en préoccuper. — Malheureusement il n'en est pas ainsi : lesdites parties et appuis possèdent une plus ou moins grande élasticité, qui est mise en jeu dans tous les sens par suite de la variation de l'intensité et de la direction de chaque force d'inertie en question, ainsi que par le fait du changement de place de son point d'application et de ceux des poids de la plupart des pièces mobiles. Il s'en suit des mouvements vibratoires de l'ensemble des pièces fixes et mobiles de l'appareil, et par suite des forces d'inertie d'un nouvel ordre qui entrent en ligne de compte dans l'équilibre général qui doit résulter du principe de d'Alembert. — Ajoutons du reste que la destruction susmentionnée des *actions mutuelles* ayant lieu par l'intermédiaire des parties intégrantes de la machine, ne s'opère pas sans déterminer de son côté des vibrations dues encore à l'imparfaite rigidité de ces parties. Mais ces vibrations sont négligeables en comparaison des autres, à cause de la variation relativement lente desdites actions pendant le cours de chaque révolution.

Pour remédier à l'état de choses qui nous occupe, il n'y a évidemment pas d'autre moyen que de chercher à équilibrer entre elles les forces d'inertie dues au jeu même des pièces mobiles, ainsi que les poids de ces pièces entre eux par l'accouplement convenablement combiné de plusieurs machines par appareil, en s'aidant d'ailleurs de contre-poids *ad hoc*. Mais, avant tout, il faut bien se rendre compte des diverses forces d'inertie de l'espèce dont il s'agit, et se rappeler qu'elles se développent incessamment sur les différentes pièces mobiles, sauf toutefois sur celles dont le mouvement est à la fois uniforme et rectiligne. Puis, suivant la méthode relative à la recherche des conditions d'équilibre d'un système de force, on fait usage de trois axes coordonnés rectangulaires, à l'origine desquels on transporte les forces dont il s'agit. — Quant au poids de chaque pièce mobile, on ne le prend en considération qu'autant qu'il donne lieu, par rapport à un des axes coordonnés, à un couple de bras de levier variable. Car, sans cela, l'influence de ce poids sur l'équilibre du système demeurant constante, il n'en peut résulter de vibration, et il n'y a point par conséquent à s'en préoccuper.

Dans les machines ordinaires, le plus commode est d'adopter pour axes coordonnés l'axe de l'arbre de couche, une parallèle aux axes des cylindres menée par le milieu de cet arbre, et enfin une perpendiculaire à ces deux lignes. Nous désignerons ces trois axes par les lettres X, Y, Z, *fig.* 1. — Nous laissons de côté les tiroirs et leurs renvois de mouvement, ainsi que les pistons des petites pompes, toutes pièces dont les masses sont négligeables en regard de celles des grands pistons, de leurs tiges, etc. Au reste, si on voulait tenir compte de l'influence de ces pièces secondaires, il n'y aurait absolument qu'à leur appliquer la marche générale que nous traçons ci-après. — Quant aux pistons de pompe à air, comme aujourd'hui ils sont d'ordinaire conduits directement par les grands pistons, le plus simple est de comprendre la masse de chacun d'eux dans celle du grand piston correspondant. Lorsqu'il y aura une autre disposition, on trouvera facilement par analogie la manière de calculer l'influence de leur inertie. — Pour fixer les idées, nous considérerons dans ce qui suit une machine présentant la disposition de beaucoup la plus habituelle aujourd'hui, c'est-à-dire une machine horizontale à bielle directe ou en retour. On déduira facilement de la marche adoptée ce qu'il conviendrait de faire pour tout autre système de machine. — Nous emploierons dans nos calculs les lettres suivantes, avec la signification qui les accompagne :

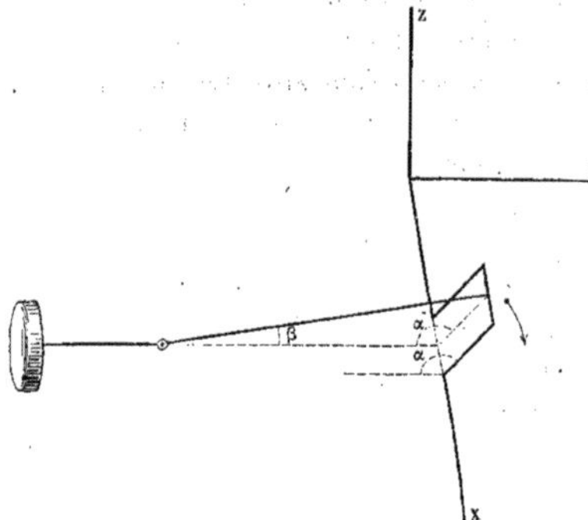

Fig. 1 relative à la stabilité des machines.

- P poids d'un grand piston, de sa tige et de sa traverse.
- B poids de la grande bielle.
- I_B moment d'inertie de la grande bielle par rapport à son centre de gravité.
- B' et B'' poids qu'on obtient en décomposant le poids B de la bielle en deux parties respectivement appliquées sur la grande traverse et sur le bouton du vilebrequin.
- b distance existant entre les points d'application de B' et de B''.
- b' et b'' distances du centre de gravité de la bielle aux mêmes points d'application : il est évident que l'on a $B' \times b' = B'' \times b''$.
- g coefficient de la gravité, c'est-à-dire le nombre 9,81.
- M poids de chaque vilebrequin.
- m distance du centre de gravité du poids précédent à l'axe de l'arbre.
- I_M moment d'inertie de M par rapport à son centre de gravité.
- m' distance de l'axe du bouton du vilebrequin à l'axe de l'arbre.
- I_a moment d'inertie par rapport à l'axe de l'arbre de couche de cet arbre lui-même et des autres pièces, autres que les vilebrequins, et telles que volant, propulseur, etc., montées sur lui.
- t le temps.
- $V, V'...$ vitesses des divers pistons à un même instant quelconque.
- x, y, z avec un plus ou moins grand nombre d'accents, bras de levier des divers couples respectivement parallèles aux axes coordonnés X, Y, Z. Ces bras de levier sont positifs ou négatifs suivant le signe qu'ils auraient en les considérant comme des coordonnées.
- $\alpha, \alpha'...$ angles, exprimés en *degrés*, des manivelles avec les axes des cylindres à un même instant quelconque, ces angles étant comptés à partir du point mort inférieur et dans le sens du mouvement.
- $\beta, \beta'...$ angles, exprimés en *degrés*, des diverses grandes bielles avec les axes des cylindres à un même instant quelconque.

Nous conviendrons aussi que les composantes des forces suivant les trois axes X, Y, Z, seront positives ou négatives suivant qu'elles seront dirigées dans le sens habituel des coordonnées positives ou à l'opposé. Enfin les couples composants seront positifs lorsqu'ils tendront à produire une rotation *de gauche à droite* pour un observateur qui, couché le long de l'axe coordonné parallèle à leur axe, aurait les pieds du côté de l'origine et la tête du côté où se comptent les coordonnées positives.

§ II. — **2. Énumération des forces et des couples d'inertie dus, dans toute machine, au jeu même des pièces mobiles.** — La première force que nous considérerons à chaque cylindre est celle due à l'inertie du piston, de sa tige et de sa traverse. Cette force, par son transport au point de rencontre des axes coordonnés, donne évidemment lieu à chaque instant :

1° A une force dirigée suivant Y, ayant pour valeur :

$$(\mathrm{I})\ -\frac{P}{g}\times\frac{dV}{dt};$$

2° A un couple ayant son axe parallèle à Z, et dont l'expression est :

$$(\mathrm{II})\ \frac{P}{g}\times\frac{dV}{dt}\times x;$$

— Viennent ensuite les effets dus à l'inertie de la bielle. En vertu d'une des propriétés fondamentales du centre de gravité de tout corps en mouvement, il suffit de considérer le mouvement de translation de la masse de l'organe supposée concentrée audit centre de gravité, puis la rotation de la bielle autour de ce même centre.

Pour évaluer l'influence du mouvement de translation, on substitue à la masse de la bielle le système de deux autres masses obtenues en décomposant le poids total B en les deux poids B′ et B″ mentionnés dans la légende du § II-1. Cette substitution est parfaitement légitime ; car on a ainsi un ensemble de deux poids dont la masse totale est égale à celle de la bielle, et dont le centre de gravité se confond à chaque instant avec celui de cette pièce. Dans tous les cas, il résulte de notre manière de procéder que le mouvement en question développe :

Premièrement par la masse $\frac{B'}{g}$ animée du mouvement du piston.

1° Une force appliquée au centre de gravité de la bielle, de direction parallèle à l'axe Y, et ayant pour valeur :

$$(\mathrm{III})\ -\frac{B'}{g}\times\frac{dV}{dt};$$

2° Un premier couple ayant son axe parallèle à X, provenant du transport de la force précédente du centre de gravité de la bielle sur la traverse du piston, et ayant pour expression :

$$(\mathrm{IV})\ -\frac{B'}{g}\times\frac{dV}{dt}\times b'\times \sin\beta;$$

3° Un deuxième couple ayant son axe parallèle à Z, dû à un deuxième transport de la force (III) de la traverse du piston à l'origine des axes coordonnés, et ayant pour expression :

$$(\mathrm{V})\ \frac{B'}{g}\times\frac{dV}{dt}\times x';$$

Deuxièmement par la masse $\frac{B''}{g}$ animée du mouvement du bouton du vilebrequin.

4° Une force appliquée au centre de gravité de la bielle et parallèle à l'axe de chaque manivelle du vilebrequin ; cette force, égale à la force centrifuge engendrée par la masse $\frac{B''}{g}$, a pour expression :

$$\text{(VI)}\ \frac{B''}{g} \times m' \times \frac{\pi}{180} \times \left(\frac{d\alpha}{dt}\right)^2 ;$$

5° Un 1er couple provenant du transport de la force précédente (VI) du centre de gravité de la bielle au bouton du vilebrequin ; ce couple a son axe parallèle à l'axe X, et a pour expression :

$$\text{(VII)}\ \frac{B''}{g} \times m' \times \frac{\pi}{180} \times \left(\frac{d\alpha}{dt}\right)^2 \times b'' \times \sin(\alpha + \beta) ;$$

6° Un 2e couple dû à la composante suivant Y de la force (VI) transportée du bouton du vilebrequin à l'origine des coordonnées ; ce couple a son axe parallèle à Z, et vaut :

$$\text{(VIII)}\ \frac{B''}{g} \times m' \times \frac{\pi}{180} \times \left(\frac{d\alpha}{dt}\right)^2 \times \cos\alpha \times x'' ;$$

7° Un 3e couple dû à la composante suivant Z de la force (VI) ; ce couple a son axe parallèle à Y, et vaut :

$$\text{(IX)}\ \frac{B''}{g} \times m' \times \frac{\pi}{180} \times \left(\frac{d\alpha}{dt}\right)^2 \times \sin\alpha \times x'''.$$

Si *la rotation n'est pas uniforme*, il faut ajouter à ce qui précède :

8° Une force appliquée au centre de gravité de la bielle, égale et parallèle à la force d'inertie qui, due à la masse $\frac{B''}{g}$, est tangentielle au cercle décrit par le centre du bouton de vilebrequin ; cette force a pour expression :

$$\text{(X)}\ -\frac{B''}{g} \times m' \times \frac{\pi}{180} \times \frac{d^2\alpha}{dt^2} ;$$

9° Un 1er couple provenant du transport de la force précédente (X) du centre de gravité de la bielle au bouton du vilebrequin ; ce couple a son axe parallèle à X, et vaut :

$$\text{(XI)}\ -\frac{B''}{g} \times m' \times \frac{\pi}{180} \times \frac{d^2\alpha}{dt^2} \times b'' \times \cos(\alpha + \beta) ;$$

10° Un 2e couple provenant du transport de la force (X) du bouton du vilebrequin au point de croisement de l'axe de l'arbre et de l'axe du cylindre ; ce couple a son axe parallèle à X et a pour expression :

$$\text{(XII)}\ -\frac{B''}{g} \times m' \times \frac{\pi}{180} \times \frac{d^2\alpha}{dt^2} \times m' ;$$

11° Un 3e couple provenant de la composante suivant Y de la force (X) transportée du point précédent à l'origine des coordonnées ; ce couple a son axe parallèle à Z, et vaut :

$$\text{(XIII)}\ \frac{B''}{g} \times m' \times \frac{\pi}{180} \times \frac{d^2\alpha}{dt^2} \times \sin\alpha \times x^{\text{IV}} ;$$

12° Enfin, un 4e couple provenant de la composante suivant Z de la force (X) ; ce couple a son axe parallèle à Y, et vaut :

$$\text{(XIV)}\ -\frac{B''}{g} \times m' \times \frac{\pi}{180} \times \frac{d^2\alpha}{dt^2} \times \cos\alpha \times x^{\text{V}}.$$

De son côté, l'effet produit par la rotation de la bielle autour de son centre de gravité, consiste évidemment en un couple d'inertie ayant son axe parallèle à X. Ce couple a pour expression :

$$\text{(XV)}\ I_B \times \frac{\pi}{180} \times \frac{d^2\beta}{dt^2}.$$

— Reste enfin à considérer l'influence de l'inertie du vilebrequin, de l'arbre de couche et du volant ou de l'hélice. Si la rotation est uniforme, cette influence engendre :

1° Une force provenant des actions centrifuges développées par le vilebrequin ; cette force a pour expression :

$$\text{(XVI)}\ \frac{M}{g} \times m \times \frac{\pi}{180} \times \left(\frac{d\alpha}{dt}\right)^2;$$

2° Un 1er couple provenant de la composante suivant Y de la force précédente (XVI) transportée à l'origine des coordonnées ; ce couple a son axe parallèle à Z, et sa valeur est :

$$\text{(XVII)}\ \frac{M}{g} \times m \times \frac{\pi}{180} \times \left(\frac{d\alpha}{dt}\right)^2 \times \cos\alpha \times x^{\text{VI}};$$

3° Un 2e couple provenant de la composante suivant Z de la force (XVI) dont l'axe est parallèle à Y, et ayant pour expression :

$$\text{(XVIII)}\ \frac{M}{g} \times m \times \frac{\pi}{180} \times \left(\frac{d\alpha}{dt}\right)^2 \times \sin\alpha \times x^{\text{VII}}.$$

Si la rotation n'est pas uniforme, l'influence de l'inertie des manivelles développe encore :

4° Une force tangentielle à la circonférence décrite par le centre de gravité du vilebrequin, et qui résulte du mouvement de translation de ce centre de gravité ; elle a pour valeur :

$$\text{(XIX)} - \frac{M}{g} \times m \times \frac{\pi}{180} \times \frac{d^2\alpha}{dt^2};$$

5° Un 1er couple dû d'une part au transport de la force précédente (XIX) du centre de gravité du vilebrequin au point de croisement de l'axe de l'arbre et de l'axe du cylindre, et d'autre part à la rotation de la pièce autour de son centre de gravité ; ce couple a son axe parallèle à X, et sa valeur est :

$$\text{(XX)} - \left(\frac{M}{g} \times m^2 + I_M\right) \times \frac{\pi}{180} \times \frac{d^2\alpha}{dt^2};$$

6° Un 2e couple dû à la composante suivant Y de la force (XIX) transportée du point précédent à l'origine des coordonnées ; ce couple a son axe parallèle à Z, et sa valeur est :

$$\text{(XXI)}\ \frac{M}{g} \times m \times \frac{\pi}{180} \times \frac{d^2\alpha}{dt^2} \times \sin\alpha \times x^{\text{VIII}};$$

7° Un 3e couple provenant de la composante suivant Z de la force (XX) ; ce couple a son axe parallèle à Y, et il vaut :

$$\text{(XXII)} - \frac{M}{g} \times m \times \frac{\pi}{180} \times \frac{d^2\alpha}{dt^2} \times \cos\alpha \times x^{\text{IX}}.$$

Enfin, l'inertie de l'arbre de couche et des autres pièces, autres que les vilebrequins et telles que volant, propulseur, etc., montées sur lui, produit un couple dont l'axe est parallèle à X et qui a pour expression :

$$(XXIII) - \Pi_n \times \frac{\pi}{180} \times \frac{d^2\alpha}{dt^2}.$$

— Quant aux poids des pièces mobiles, ceux qui donnent lieu, par rapport aux axes des coordonnées, à des couples *variables* d'intensité sont d'abord B″ et M. Ces couples ont évidemment leurs axes parallèles à X, et ils valent :

le 1er. . . . . . (XXIV) — $B'' \times m \times \cos \alpha$;
le 2e. . . . . . (XXV) — $M \times m' \times \cos \alpha$.

Il y a ensuite dans les machines horizontales à considérer le couple dû à l'ensemble des poids P et B′. Ce couple a encore pour axe X, et la partie variable de sa valeur est :

$$(XXVI)\ (P + B')y,$$

y étant égal à la distance variable du centre de gravité de l'ensemble desdits poids à la position qu'occupe ce point au moment du bout de course inférieur.

§ II. — **3. Effets résultant des forces et des couples d'inertie dus au jeu même des pièces mobiles.** — Toutes les forces et couples que nous venons d'énumérer se reproduisent bien entendu à chaque cylindre, et naturellement avec les valeurs qui leur sont propres au moment considéré. Comme ces forces et ces couples mettent en jeu l'élasticité des pièces d'attache et des supports, il en résulte des réactions qui, jointes à l'inertie et au poids de la masse de l'appareil, limitent l'étendue des mouvements que tout l'ensemble de celui-ci tend alors à prendre, et les réduisent ainsi à de simples vibrations. On peut grouper les forces et les couples en question de manière à bien faire ressortir les *cinq mouvements vibratoires* qu'on observe dans les machines non équilibrées; et plus particulièrement dans les locomotives, où ils sont d'autant plus accentués qu'il y existe des ressorts de suspension, et que d'ailleurs les roues ne sont ni reliées aux rails, ni coincées entre ceux-ci par leurs rebords. Mais il importe de remarquer que quelques-unes des réactions sus-mentionnées produisent, outre les forces et les couples directement opposés aux forces et aux couples d'inertie du groupe spécial qui leur a donné naissance, des forces et des couples particuliers qui viennent se combiner avec un des autres groupes des forces et des couples d'inertie qui nous occupent, et s'associer à l'influence de ce groupe pour engendrer le mouvement vibratoire qui lui est propre. Dans ce qui suit, nous ne nous préoccuperons pas de cette considération; car nous nous proposons simplement d'indiquer la nature de vibration propre à chaque groupe de forces et de couples d'inertie. — Il est encore besoin de dire qu'en réalité il n'y a ici, de même que dans le mouvement général de tout corps qui se déplace d'une manière quelconque, qu'un mouvement vibratoire unique autour et le long d'un *axe instantané de rotation et de glissement.* C'est par une conception toute gratuite qu'on considère ce mouvement comme subdivisé en cinq autres. Toutefois cette conception est rationnelle; car souvent l'un ou l'autre des mouvements prédomine tellement qu'il semble exister seul; et on est naturellement conduit à remonter à son origine propre.

Cela posé, nous grouperons ensemble les forces (I) et (III) des divers cylindres après leur transport à l'origine des coordonnées. Toutes ces forces qui agissent suivant l'axe Y, tendent à imprimer à l'appareil un mouvement de *chassage*, tantôt dans un sens, tantôt dans un autre, à peu près rectiligne et dans la direction de Y. Nous disons « à peu près ; » car, pour pouvoir dire « *rigoureusement*, » il faudrait que le centre de gravité, d'ailleurs variable à chaque instant, de tout le système des pièces fixes et mobiles de la machine, se trouvât sur Y, et ne cessât point d'y être situé, ce qui n'a pas lieu en général. — Le mouvement qui nous occupe a reçu le nom de *mouvement de tangage*, eu égard à son effet sur les locomotives. Comme ce nom a été adopté pour toute espèce d'appareil par les ingénieurs qui se sont occupés de la question de la *stabilité* des machines, nous ferons de même, en bien notant que cette dénomination n'a aucun rapport, surtout pour les machines à hélice, avec la signification nautique du mot.

En groupant ensemble les couples (II), (V), (VIII), (XIII), (XVII), (XXI), des divers cylindres, on obtient un couple unique ayant son axe parallèle à Z. De ce couple résulte ce qu'on appelle le *mouvement de lacet*. — Ce mouvement consiste à peu près en des vibrations oscillatoires autour d'une parallèle à l'axe Z passant par le centre de gravité de l'ensemble des pièces fixes et mobiles de l'appareil. Il serait rigoureusement tel, si la parallèle en question était un axe principal d'inertie dudit ensemble relatif à son centre de gravité, attendu que l'équilibre général résultant du principe de d'Alembert ne saurait être troublé si on ajoutait de nouvelles liaisons qui fissent de cet ensemble un tout complétement *rigide*. — Si la machine ne comportait qu'un cylindre et que les autres parties de l'appareil fussent groupées symétriquement par rapport à ce récipient, il est évident que le mouvement de lacet n'existerait pas.

Les forces (VI), (X), (XVI) et (XIX) des divers cylindres transportées à l'origine des coordonnées, donnent lieu à une résultante toujours contenue dans le plan YZ, mais variable à chaque instant en direction. Cette résultante produit ce qu'on est convenu d'appeler le *mouvement de trépidation*. Ce mouvement est assez complexe, et consiste principalement dans un déplacement anormal du centre de gravité de l'ensemble des pièces fixes et mobiles de l'appareil, et qui tend, sous l'influence dont il s'agit, à devenir une petite courbe fermée.

Les couples (IV), (VII), (XI), (XII), (XV), (XX), (XXIII), (XXIV), (XXV), (XXVI), des divers cylindres donnent naissance à un couple résultant unique dont l'axe est parallèle à l'axe X, et qui produit ce qu'on appelle le *mouvement de galop*. Ce mouvement consiste sensiblement en une vibration oscillatoire autour d'une parallèle à l'axe X menée par le centre de gravité de l'ensemble des pièces fixes et mobiles de l'appareil. Pour que le mouvement fut *rigoureusement* tel que nous venons de le dire, il faudrait que la parallèle en question se confondit avec un axe principal d'inertie dudit ensemble relatif à son centre de gravité.

Enfin les couples (IX), (XIV), (XVIII), (XXII) des divers cylindres donnent lieu à un couple résultant unique, dont l'axe est parallèle à Y. Ce couple détermine ce qu'on est convenu d'appeler le *mouvement de roulis*, expression qu'on ne doit pas prendre dans son acception maritime, et sur laquelle nous ferons la même réserve que sur le mot *tangage*, dont l'origine et la signification ont été données plus haut. Quoi qu'il en soit, le *mouve-*

ment de roulis consiste à peu près en un mouvement de rotation alternative autour d'une parallèle à l'axe Y passant par le centre de gravité de l'ensemble des pièces fixes et mobiles de l'appareil. — Si la machine ne comportait qu'un cylindre et que les autres parties de l'appareil fussent groupées symétriquement par rapport à ce récipient, il est évident que le mouvement de roulis n'existerait pas.

Il n'y a aucun intérêt à approfondir les mouvements que nous venons d'énumérer, et à chercher à en calculer l'étendue. Nous ne perdrons donc pas de temps à cette recherche, du reste excessivement ardue, et qui exigerait, entre autres, la détermination des axes et des moments principaux d'inertie de la machine relatifs au centre de gravité de l'ensemble de ses pièces fixes et mobiles, et le calcul des réactions dues à l'élasticité des supports et des pièces d'attache. — L'essentiel est de trouver le moyen d'annihiler, en tout ou en partie, les forces qui engendrent lesdits mouvements et dont l'origine nous est maintenant très-bien connue.

§ III. — Équilibration des machines.

§ III — **1. Première partie de l'équilibration des machines.** — Les forces (I) et les forces (III) après leur transport sur les traverses de piston, ainsi que les couples (II), (V) qui en dérivent, et enfin le couple (XXVI), s'annuleraient évidemment à chaque machine, et par suite il y aurait disparition du mouvement de tangage, d'une grande partie du mouvement de lacet et d'un peu du mouvement de galop, si chaque grande bielle avait une forme telle, qu'il en résultât l'équation de condition :

$P + B' = 0$; soit, en remplaçant B' par sa valeur en fonction de B (§ II-1), $P + \frac{Bb''}{b} = 0$; ou encore

$$Pb + Bb'' = 0.$$

Cette condition exige que le poids de la bielle appliquée à son centre de gravité et le poids du piston appliqué sur la grande traverse se fassent équilibre autour du bouton du vilebrequin. Or ceci demande qu'on place sur la bielle, au delà de ce bouton, un poids considérable, ce qui constitue une difficulté insurmontable en pratique. Mais l'annulation dont il s'agit se produirait tout naturellement si on employait des cylindres opposés, et dont les pistons marcheraient exactement en sens contraire. Cette combinaison peut se réaliser par l'emploi des *manivelles dites équilibrées*, que le vice-amiral Labrousse avait heureusement appliquées à bord de *l'Isly* et de *l'Eylau*. (Voir le n° 141_2 de notre traité des appareils à vapeur de navigation.)

Sans cela, pour obtenir les résultats que nous venons d'indiquer, il faudrait avoir recours à des contre-poids montés sur des glissières, et auxquels on communiquerait, à l'aide de manivelles et de bielles *ad hoc*, des mouvements opposés à ceux du piston. Sous peine de ne point annuler du même coup les couples (II) et (V), et par suite la plus grande partie du mouvement de lacet, ces contre-poids ne sauraient être groupés en un seul pour tout l'appareil ; mais ils devraient être placés à chaque cylindre et avoir leur masse respective égale à $\frac{P+B'}{g}$. Toutefois, si on considérait comme négligeable l'effet du couple (XXVI), cette masse pourrait évidemment être réduite en sens inverse du rapport qu'on établirait entre la vitesse du contre-poids et celle du piston. D'ailleurs on serait libre, suivant les circonstances, de répartir la masse en question en deux ou en un plus grand nombre de blocs situés ou non du même côté que le piston, disposés symétriquement autour de lui, mais toujours animés d'un mouvement diamétralement opposé. — Malheureusement l'installation de pareils contre-poids serait bien complexe. De plus, leurs renvois de mouvement introduiraient de nouvelles forces d'inertie, qu'il faudrait aussi s'occuper de détruire, à moins que les pièces ne fussent très-légères. Enfin, on engendrerait des frottements qui viendraient accroître les résistances passives. Aussi cette méthode ne sera probablement jamais adoptée.

Dans les machines dites à trois cylindres, lorsque les vilebrequins sont calés à 120°, les forces (I) et (III) des divers cylindres transportées à l'origine des coordonnées s'annulent, si on considère comme négligeable l'obliquité des bielles. Car, dans cette hypothèse, il est très-facile de voir que, par suite des relations qui lient entre elles les vitesses des trois pistons et la rotation de l'arbre, la résultante des forces en question possède une valeur de la forme :

$$[\cos \alpha + \cos (\alpha + 120^\circ) + \cos (\alpha + 240^\circ)] \times \textit{constante} ;$$

Expression qui est évidemment nulle, quelle que soit la valeur de α. Mais les couples dus au transport desdites forces à l'origine des coordonnées ne se détruisent pas. Il s'en suit que, dans les machines dont il s'agit, le mouvement de tangage est presque nul, tandis que le *mouvement de lacet* n'y est pas atténué.

Enfin, dans les machines marines à pilon, le mouvement de tangage tend à se produire perpendiculairement au plan de pose, et par conséquent dans un sens où les supports et les pièces d'attache le détruisent le plus directement et le plus complétement. D'ailleurs, dans ces mêmes machines, les pistons de pompe à air y sont habituellement conduits de telle façon, qu'ils font en partie l'effet des contre-poids dont nous avons parlé plus haut, et diminuent d'autant l'influence des forces (I) et (III) et par suite le tangage. — Pour le même motif, l'action des couples (II) et (V) se trouve réduite. En outre ces couples agissent dans un plan qui est ici perpendiculaire au plan de pose, et tendent par conséquent à engendrer une rotation dans le sens où les appuis cèdent le moins. Leur influence pour la production du mouvement de lacet peut donc être considérée comme très-restreinte dans les appareils dont il s'agit.

§ III. — **2. Deuxième partie de l'équilibration des machines.** — Si l'équilibration des forces (I) et (III) et des couples qui en dérivent, présente de grandes difficultés en pratique, il n'en est pas de même de l'annihilation : 1° des forces (VI) et (X) après leur transport sur le bouton du vilebrequin ; 2° des forces (XVI) et (XIX) ; 3° des couples (VIII), (IX), (XIII), (XIV), (XVII), (XVIII), (XXI), (XXII), (XXIV), (XXV). En détruisant ces forces et ces couples, on préviendrait complétement le mouvement de trépidation et celui de roulis, et on diminuerait le mouvement de lacet et celui de galop.

Cette destruction aurait lieu tout naturellement avec des manivelles équilibrées.

Mais, pour obtenir un semblable résultat avec des manivelles ordinaires, il est absolument nécessaire d'avoir recours à des contre-poids montés sur l'arbre de couche, juste à l'opposé des manivelles. Ces contre-poids ne sauraient d'ailleurs être groupés en un seul par appareil. Il faut qu'ils soient appliqués à chaque vilebrequin en particulier ; et alors, habituellement, on se sert de deux blocs, placés de façon que le centre de gravité de leur ensemble soit sur le prolongement de la perpendiculaire menée par le centre de gravité du vilebrequin à l'axe de l'arbre de couche. — Si on ne suivait pas ces dernières prescriptions, on détruirait bien les forces précitées, et par suite le mouvement de trépidation ; mais il n'en serait pas de même pour les couples sus-mentionnés, et par conséquent il n'y aurait plus annulation du mouvement de roulis et d'une partie du mouvement de lacet. — Dans tous les cas, on voit aisément que la masse $\frac{N}{g}$ du contre-poids relatif à chaque vilebrequin est déterminée par la relation :

$$\frac{B''}{g} \times m' + \frac{M}{g} m = \frac{N}{g} \times m'',$$

m'' étant la distance du centre de gravité du contre-poids à l'axe de l'arbre de couche, et les autres lettres ayant toujours la signification convenue au § II-1. La distance m'' est arbitraire ; mais il y a tout intérêt à la prendre la plus grande possible afin de diminuer le poids N.

Dans les machines à trois cylindres avec calage des vilebrequins à 120°, il est évident que les forces en question relatives à tous les cylindres et transportées à l'origine des coordonnées se détruisent sans l'intervention d'aucun contre-poids. Il en résulte que le mouvement de trépidation se trouve tout naturellement annulé. Mais en ce qui concerne les couples dont nous nous occupons, il n'y a évidemment que les couples (XXIV) et (XXV) relatifs aux divers cylindres qui s'annulent entre eux, et diminuent d'autant le mouvement de galop.

Au surplus, dans toutes les machines horizontales fixes, les couples (IX), (XIV), (XVIII), (XXIV) et (XXV), agissent dans des plans perpendiculaires au plan de pose ; les mouvements de roulis et de galop qui en résultent tendent par conséquent à se produire dans le sens où les appuis cèdent le moins.

Dans les machines à pilon, de même qu'au § III-2, les couples (VIII), (XIII), (XVII), (XXI), (XXIV) et (XXV), ne font que faiblement sentir leur influence par suite du sens dans lequel tend alors à s'exercer leur action rotative ; et il en est de même de leur effet sur le mouvement de lacet et sur celui de galop.

§ III. — **3. Troisième partie de l'équilibration des machines.** — Occupons-nous maintenant de l'annihilation des couples (IV), (VII), (XI) et (XV), qui contribuent le plus au mouvement de galop. Ces couples donnent lieu à un couple résultant unique égal à leur somme, et qui par conséquent a pour valeur :

$$-\frac{B'}{g} \times \frac{dV}{dt} \times b' \times \sin\beta + \frac{B''}{g} \times m' \times \frac{\pi}{180}\left(\frac{d\alpha}{dt}\right)^2 \times b'' \times \sin(\alpha+\beta) - \frac{B''}{g} \times m' \times \frac{\pi}{180} \times \frac{d^2\alpha}{dt^2} \times b'' \times \cos(\alpha+\beta) + I_0 \times \frac{\pi}{180} \times \frac{d^2\beta}{dt^2}.$$

En remplaçant dans cette expression : 1° B′, B″ et b' par leurs valeurs en fonction de B, de b et de b'' ; 2° $\frac{dV}{dt}$ et $\frac{d^2\beta}{dt^2}$ par leurs valeurs en fonction de b, m', α, β, $\frac{d\alpha}{dt}$ et $\frac{d^2\alpha}{dt^2}$, on arrive assez aisément à la nouvelle expression :

$$\text{(XXVII)}\ -\frac{\pi}{180}\left[\frac{B}{g}b''(b-b'')-I_n\right]\times \frac{d\left(\frac{m'\cos\alpha}{b\cos\beta}\frac{d\alpha}{dt}\right)}{dt};$$

en laissant toutefois de côté le terme $+\frac{\pi}{180}\frac{B}{g}b''(b-b'')\frac{m'}{b}\left(\frac{\cos\alpha}{\cos\beta}-\frac{\sin(\alpha+\beta)}{\cos\beta}-\cos(\alpha+\beta)\right)\frac{d^2\alpha}{dt^2}$, qui est nul quand la rotation est uniforme, et qui, dans les autres cas, est toujours négligeable à cause du peu d'irrégularité de la rotation et par suite de la petitesse de $\frac{d^2\alpha}{dt^2}$, et à cause aussi de la faible valeur des expressions trigonométriques.

Dès lors pour que le couple qui nous occupe s'annule de lui-même, il suffit que :

$$(1)\qquad \frac{B}{g}b''(b-b'')-I_n=0.$$

Or, si nous désignons par μ la masse d'un élément de la bielle et par ρ la distance de cette masse à l'axe du bouton du vilebrequin, et si nous nous rappelons que b'' est la distance entre ce même axe et le centre de gravité de B, on aura évidemment $\frac{Bb''}{g}=\Sigma\mu\rho$. — D'autre part, d'après une propriété connue des moments d'inertie, on a :

$$\frac{Bb''^2}{g}+I_n=\Sigma\mu\rho^2.$$

Donc le premier membre de l'équation (1) ci-dessus revient à :

$$\Sigma\mu\rho(b-\rho)=0.$$

Il est visible que cette dernière équation ne peut être satisfaite qu'autant que la bielle aurait un prolongement assez considérable, qui s'étendrait au delà du centre du bouton du vilebrequin, et dont les dimensions et la forme se trouveraient déterminées en conséquence. On comprend tout de suite qu'une pareille disposition n'est pas acceptable en pratique. D'ailleurs, on voit aisément qu'elle serait incompatible avec la forme particulière, dont nous avons parlé au § III-4, qui conviendrait à la bielle dans la première partie de l'équilibration, si c'était à l'aide de la forme de cette pièce qu'on voulût aussi réaliser cette première partie.

Mais il reste à voir si, au lieu d'annuler le couple résultant (XXVII) par ce procédé, on ne pourrait point y parvenir au moyen de contre-poids ; ou bien encore s'il n'y aurait pas moyen de conjuguer entre eux les grands pistons, de manière à ce que les couples de l'espèce dont il s'agit, relatifs aux diverses grandes bielles, s'annulent entre eux.

En ce qui concerne l'usage de contre-poids, si on suppose $\cos\beta = 1$, ce qui n'entraîne qu'une erreur secondaire, on voit qu'il suffit de réaliser les combinaisons suivantes par cylindre : — 1° disposer deux blocs sur deux paires de glissières horizontales ayant leurs axes situés dans un plan perpendiculaire à l'axe de l'arbre de couche et écartées entre elles de la longueur du levier dont il est parlé ci-après, et placer l'axe de la première paire de ces glissières, par exemple, à la hauteur de cet arbre. — 2° Faire conduire les blocs, en ayant recours à l'intermédiaire de bielles assez longues pour que leurs obliquités soient sans influence, par un levier à bras égaux, vertical dans sa position moyenne d'oscillation, et assez long d'ailleurs pour que les angles d'oscillation soient négligeables.— 3° Faire commander l'une des extrémités de ce levier par une bielle assez longue aussi pour qu'on n'ait point à tenir compte de ses obliquités, et par une manivelle montée sur l'arbre de couche, et calée de manière que la vitesse du pied de bielle soit proportionnelle à $\frac{\pi}{180} \cos \alpha \frac{d\alpha}{dt}$, et par suite que son déplacement lui-même le soit à $\sin \alpha$. Ceci exige évidemment que la manivelle soit calée sur l'arbre de couche de façon à se trouver verticale lorsque la grande manivelle part de l'origine des angles α. D'ailleurs, comme le couple des contre-poids doit être de sens contraire au couple (XXVII), on aurait soin de satisfaire à cette condition en dirigeant dans le calage précédent la manivelle des contre-poids soit vers le haut, soit vers le bas, suivant que ces contre-poids et la grande bielle correspondante seraient situés ou non d'un même côté de l'arbre de couche. — 4° Relier entre elles la longueur h de chaque bras du levier, la longueur l de sa manivelle d'entraînement, et la masse L de chaque contre-poids par la relation :

$$\frac{L}{g} \times 2h \times l = \left[\frac{B}{g} b''(b - b') - I_s\right] \frac{m'}{b}.$$

Malheureusement l'installation des contre-poids que nous venons de mentionner, est bien complexe et peu pratique; et, de même que pour la combinaison citée § III-1 dans la première partie de l'équilibration d'une machine, les constructeurs et les ingénieurs ne se décideront guère à l'adopter. — On est donc ramené à s'occuper particulièrement d'une conjugaison avantageuse des cylindres pour l'annihilation entre eux des couples (XXVII) relatifs aux diverses bielles. L'emploi de manivelles équilibrées ne résoudrait pas la question. Mais, en revanche, les machines à trois cylindres avec calage des trois vilebrequins à 120° fournissent une solution satisfaisante. En effet, si dans l'expression (XXVII) on néglige l'obliquité des bielles, on trouve que les trois couples relatifs aux divers cylindres donnent une somme de la forme :

$$\frac{\left[d\left(\cos\alpha \times \frac{d\alpha}{dt}\right) + d\left(\cos(\alpha + 120^\circ) \times \frac{d\alpha}{dt}\right) + d\left(\cos(\alpha + 240^\circ) \times \frac{d\alpha}{dt}\right)\right]}{dt} \times constante =$$

$$\left[-\left(\sin\alpha + \sin(\alpha + 120^\circ) + \sin(\alpha + 240^\circ)\right)\left(\frac{d\alpha}{dt}\right)^2 + \left(\cos\alpha + \cos(\alpha + 120^\circ) + \cos(\alpha + 240^\circ)\right)\frac{d^2\alpha}{dt^2}\right] \times constante.$$

Or cette somme est évidemment nulle quel que soit α.

Au surplus, de même qu'au § III-3, les couples de l'annulation desquels nous venons de nous occuper agissent, aussi bien pour les machines horizontales fixes que pour celles à pilon, dans un plan perpendiculaire au plan de pose, et par conséquent dans le sens où les appuis cèdent le moins.

§ III. — **4. Quatrième partie de l'équilibration des machines.** — En général, ainsi que nous allons le voir dans un instant, on tâche d'établir un rapport constant entre le couple moteur et le couple résistant de rotation. On a alors un mouvement de rotation uniforme ; et il n'y a pas à se préoccuper d'annuler les couples (XII), (XX), (XXIII), qu'il nous reste à considérer. Ces couples n'apparaissent, en effet, que lorsque la rotation n'est pas uniforme, et contribuent alors au mouvement de galop. Il faut d'ailleurs y joindre les couples qui résulteraient, dans une semblable hypothèse, des variations de vitesse des contre-poids de manivelle.

On voit tout de suite que l'annihilation des couples dont il s'agit ne peut s'obtenir qu'à l'aide d'un volant spécial d'équilibration monté sur un arbre particulier et recevant de l'arbre de couche, par l'intermédiaire d'un engrenage, une vitesse de rotation de sens contraire à celle de cet arbre. Ce volant devrait avoir un moment d'inertie par rapport à son axe de rotation égal à :

$$\left(\frac{B''}{g}\times m'^2+\frac{M}{g}\times m^2+I_{u}+I_{u}+\textit{moment d'inertie des contre-poids de chaque vilebrequin par rapport à l'axe de l'arbre de couche}\right)\times\textit{nombre des cylindres}\times\frac{\textit{vitesse de rotation de l'arbre de couche}}{\textit{vitesse de rotation du volant d'équilibration}}.$$

Il est à peine besoin d'ajouter que les roues de l'engrenage précité devraient avoir leurs moments d'inertie par rapport à leurs axes dans le même rapport que ces deux dernières vitesses.

Toutefois, une semblable combinaison est encore très-complexe; et il est peu probable qu'on l'adopte jamais, d'autant plus qu'on peut arriver, ainsi que nous le verrons § IV, à obtenir un certain degré de constance pour le couple moteur de rotation.

§ III. — **5. Résumé relatif à l'équilibration des machines.** — En résumé, à l'aide de contre-poids convenablement agencés, on pourrait arriver à une stabilité presque parfaite pour une machine quelconque. Mais la plupart de ces contre-poids entraîneraient des inconvénients et une complication de mécanisme tels qu'ils ne sont vraiment pas acceptables en pratique. En se bornant aux contre-poids de manivelle, installés et calculés comme il a été dit plus haut, on annule en entier le mouvement de trépidation et de roulis, et on diminue les mouvements de lacet et de galop; mais on laisse subsister en entier le mouvement de tangage.

Avec des manivelles *dites équilibrées*, il y aurait, sans l'intermédiaire d'aucun contre-poids, annulation complète des mouvements de tangage, de trépidation et de roulis, et diminution des mouvements de lacet et de galop.

Dans les machines à trois cylindres, les mouvements de lacet et de roulis subsistent en entier. Mais, avec le calage des vilebrequins à 120°, on obtient, sans l'intermédaire d'aucun contre-poids, et en supposant négligeable l'obliquité des bielles, annulation des mouvements de tangage et de trépidation, et même du mouvement de galop si la rotation est uniforme ou à peu près. Aussi au point de vue que nous considérons, indépendamment de leurs autres qualités, ces machines réalisent un excellent type d'appareils à grande vitesse, avec une simplicité suffisante de mécanisme et un nombre de cylindres très-raisonnable.

Enfin, dans les machines à pilon, les mouvements de tangage et de lacet, qui sont, dans la plupart des autres appareils, les mouvements perturbateurs les plus forts, ne se font presque pas sentir; et c'est là une qualité en quelque sorte latente qui s'ajoute à leurs autres avantages pour contribuer à la bonne réputation de ce système. Il va de soi d'ailleurs que, quand il est employé avec trois cylindres, comme cela commence à se pratiquer, il jouit en plus des avantages inhérents à cette disposition.

Ajoutons pour terminer ce résumé qu'il serait très-imprudent de placer des contre-poids dans une machine sans se préoccuper des règles que nous venons d'établir; car on s'exposerait, en agissant au hasard, à ne détruire quelques effets pertubateurs qu'en doublant l'énergie des autres.

§ IV. — Du couple de rotation des machines.

D'après le § III-4, il y a un certain degré d'importance, au point de vue de la stabilité des machines, à obtenir une rotation régulière. Mais cette régularité est encore nécessaire pour prévenir l'accroissement des vibrations des pièces mobiles ainsi que les pertes de forces vives, et par suite de travail utile, inhérentes à une vitesse de rotation par trop inégale. Bien plus, pour la Marine elle permet seule d'obtenir une marche suivie à des vitesses de rotation extrêmement restreintes. Aussi, surtout dans les appareils de navigation, les constructeurs se sont-ils toujours préoccupés de maintenir un rapport fixe entre le couple moteur de rotation et le couple résistant, ou plus simplement, si on admet que ce dernier couple ne varie pas sensiblement, d'avoir une valeur aussi constante que possible pour le *couple moteur* de rotation, qu'on appelle tout simplement d'habitude *le couple de rotation*.— Toute fondée qu'elle soit, cette préoccupation est trop exclusive, en ce sens que jusqu'ici elle a fait perdre de vue, du moins en grande partie, l'importance qu'on aurait dû attacher à la question *complète* de la stabilité des appareils. — Quoi qu'il en soit, les contre-poids de vilebrequin, indépendamment du rôle qu'ils jouent sous le rapport de la stabilité de la machine, contribuent notablement à rendre constant le couple de rotation, et même souvent ils n'ont été placés que dans cette intention. On peut du reste, pour le même but, ajouter à l'effet de ces contre-poids le calage convenable des divers vilebrequins entre eux, combiné avec l'influence du degré d'introduction.

— Pour les machines à pilon, il y a à se préoccuper particulièrement des poids des pistons et des portions B' (§ II-1) des poids des grandes bielles, dans la recherche des conditions de constance du couple de rotation. On peut détruire la fâcheuse influence de ces poids par les moyens suivants : — 1° leur équilibration, au moins partielle, par les pistons de pompe à air. — 2° Différences spéciales dans la régulation de chaque tiroir pour l'orifice supérieur et l'orifice inférieur. — 3° Petits pistons suceurs montés sur des contre-tiges formant le prolongement des tiges de grand piston, et logés dans de petits cylindres placés au-dessus des cylindres à vapeur. — 4° Augmentation spéciale des contre-poids de vilebrequin. Mais ce dernier moyen suppose que les obliquités des grandes bielles soient négligeables ; et d'ailleurs il introduit des masses dont l'action centrifuge ne se trouve pas annulée, et nuit par conséquent à la *stabilité* de l'appareil. — 5° Calage convenable des vilebrequins entre eux. Ce dernier procédé devient très-efficace lorsqu'on emploie trois cylindres avec calage des vilebrequins à 120°. Car, en négligeant les obliquités de bielle, les poids sus-mentionnés donnent lieu pour ces trois cylindres à un couple unique dont la valeur a une expression de la forme $[\cos\alpha + \cos(\alpha + 120°) + \cos(\alpha + 240°)] \times$ *constante*, en appelant α l'angle d'un des vilebrequins avec l'horizon à un instant quelconque ; or cette expression est nulle, quel que soit α.

Quand l'influence qui nous occupe ne se trouve pas suffisamment annulée, la machine éprouve, aux environs de chaque point mort inférieur des pistons, une secousse violente, à laquelle on a donné le nom de *coup de cloche*, et qui ne peut être attribuée qu'à la variation brusque qu'éprouve alors le couple de rotation combinée avec le changement de portage de la tête de grande bielle, changement de portage dont l'effet est évidemment augmenté par les poids des pistons et des portions B′ des grandes bielles pour le point mort inférieur, mais diminué au contraire pour le point mort supérieur. — Il importe au surplus de bien noter que les poids dont il s'agit étant d'intensité et de direction constante, ne sauraient avoir (§ II-1) d'effet direct sur la *stabilité* de l'appareil entendue comme nous l'avons définie au § I.

— Quel que soit le système de la machine, on doit bien recommander pour la recherche des valeurs que prend le couple de rotation dans le cours d'une révolution, de tenir compte : 1° de l'action des poids des vilebrequins et des portions B″ (§ II-1) des poids des grandes bielles, si ces divers poids ne sont pas équilibrés ; 2° de l'effet des poids s'il y a lieu, et dans tous les cas des forces d'inertie provenant des grands pistons, de leurs tiges et traverses et des portions B′ des grandes bielles, par le fait même du mouvement de va-et-vient de ces pièces ; 3° de l'influence des couples (IV), (VII) et (XI) du § II-2.

La manière de faire entrer dans le calcul les effets mentionnés en 1° et 2° est trop connue pour qu'il soit utile de la rappeler ici. Mais il n'en est pas de même pour l'influence signalée en 3°, et dont on ne semble pas jusqu'à présent s'être préoccupé pour la recherche en question. Le moyen le plus simple de tenir compte de cette influence est de transformer chaque couple en un autre, ayant pour bras de levier la grande bielle, et dont, par suite, les deux forces sont appliquées l'une sur la traverse du grand piston, l'autre sur le bouton du vilebrequin. On calcule ensuite l'action de chacune de ces forces sur le couple de rotation. A cet effet, il suffit évidemment : 1° de chercher la composante de la première force suivant l'axe du piston, et de la combiner avec les autres forces qui agissent suivant cet axe ; 2° de déterminer la composante de la seconde force perpendiculaire à la longueur du vilebrequin, et de calculer la valeur du couple qui résulte du transport de cette composante au centre de l'arbre de couche. — Ajoutons que, dans la recherche qui nous occupe, on laisse de côté les frottements des pistons à vapeur, des coulisseaux de grande traverse, etc., dont l'appréciation exacte offre du reste de grandes difficultés. Car, parmi ces frottements, les uns n'influent pas, et les autres n'influent que peu sur la variabilité du couple moteur, variabilité qu'il importe plus de connaître que les valeurs absolues elles-mêmes dudit couple.

— Les machines à trois cylindres indépendants et avec calage des vilebrequins à 120° montrent encore ici une grande supériorité, attendu que, sans l'intervention d'aucun contre-poids, leur couple moteur est d'une variabilité très-limitée, ainsi que le vice-amiral Labrousse l'a fait voir dans son intéressant travail sur les nouveaux appareils de la flotte. Grâce à cet avantage joint à leurs bonnes conditions de stabilité, ces machines se prêtent donc à des allures plus rapides que les autres systèmes, sans compter que cette faculté n'est pas entravée par la crainte des échauffements; car les pressions maximum exercées aux pieds et aux têtes de bielle y sont relativement restreintes.

D'un autre côté, le peu de variabilité de leur couple de rotation leur permet aussi de fonctionner régulièrement à un très petit nombre de tours; or c'est là une nouvelle faculté bien précieuse pour la manœuvre des navires, surtout pendant le combat.

§ V. — Stabilité, équilibration et couple de rotation des machines rotatives et en particulier du Behrens.

§ V. — **1. Forces d'inertie à considérer dans la stabilité des rotatives.** — Dans les machines rotatives et en particulier dans le Behrens, les forces d'inertie à considérer pour la *stabilité* de l'appareil, toujours entendue comme au § I, se réduisent à celles qui proviennent des organes moteurs, de l'arbre de couche et des pièces, telles que volant, propulseur, etc., montés sur lui. De leur côté, les poids qui jouent un rôle dans la stabilité ne sont ici que ceux des organes moteurs. Or lesdites forces sont absolument les mêmes que celles dues aux vilebrequins, à l'arbre de couche et aux pièces montées sur lui dans les machines ordinaires, et les poids correspondent exactement à ceux des vilebrequins. Il suffit donc de s'occuper des forces et des couples dont les valeurs sont données au § II-2 par les expressions (XVI) à (XXIII), et par l'expression (XXV), en convenant d'ailleurs de représenter actuellement par :

M la masse de chaque organe moteur;
m la distance de son centre de gravité à l'axe de l'arbre de couche;
I_M son moment d'inertie par rapport à ce centre.

D'ailleurs, dans le Behrens, comme le système comporte toujours deux arbres, on doit considérer ce qui se passe par rapport à chacun d'eux, quitte à examiner ensuite les couples qui peuvent se détruire par l'intermédiaire des engrenages.

D'après ce qui précède, dans les rotatives, le mouvement de tangage n'existe pas, et les autres mouvements perturbateurs sont extrêmement restreints.

§ V. — **2. Équilibration des rotatives.** — Cette équilibration ne comporte que deux parties. — Pour la *première partie*, il faut suivre la règle relative à l'équilibration des vilebrequins, en se servant en général de deux contre-poids par chaque organe moteur. Ces contre-poids doivent être placés de manière que leur centre de gravité se trouve sur la perpendiculaire à l'axe de l'arbre abaissée du centre de gravité dudit organe sur cet axe. On obtient de la sorte l'annulation des mouvements de trépidation, de lacet et de roulis, et la diminution du mouvement de galop, qui disparaîtrait, du reste, si, par ailleurs, la rotation était rendue uniforme. — Quand plusieurs organes moteurs sont montés sur le même arbre, on peut, au lieu de les équilibrer individuellement, les caler de manière à ce qu'ils se fassent équilibre autour de l'axe de cet arbre. Tel est ce qui se pratique dans le Behrens pour les cames à vapeur, et aussi pour les cames de pompe, quand il y en a. La répartition de ces diverses cames autour de chaque arbre est réglée de manière à ce qu'il y ait un équilibre statique parfait autour de cet arbre. En opérant de cette façon on n'annule pas, il est vrai, les mouvements de lacet et de roulis. Mais ces mouvements se trouvent extrêmement réduits, si on a le soin de rapprocher le plus possible les uns des autres les divers organes en question ; car on rend ainsi très-petits les bras de levier des couples qui engendrent les mouvements dont il s'agit.

Cherchons la répartition dont nous venons de parler pour le cas de deux cames à vapeur et une à eau par arbre. A cet effet, nous désignerons par :

M	le poids de chaque came à vapeur ;
M_1	le poids de chaque came à eau ;
m et m_1	les distances des centres de gravité de ces poids à l'axe de l'arbre ;
γ et γ'	les angles de calage des axes des deux premières cames par rapport à celui de la troisième ;
α	l'angle de ce dernier axe avec l'horizon à un moment quelconque.

Comme il doit y avoir équilibre entre les couples dus au transport des poids sur l'axe de l'arbre de couche, nous aurons l'équation :

$$M_1 \times m_1 \cos \alpha + M \times m \cos(\alpha + \gamma) + M \times m \cos(\alpha + \gamma') = 0.$$

Cette relation devant avoir lieu quel que soit α, il en résulte les deux équations de condition :

$M_1 m_1 + M m \cos \gamma + M m \cos \gamma' = o,$

$\sin \gamma + \sin \gamma' = o.$

La seconde de ces équations donne $\gamma' = \pi + \gamma$ ou $2\pi - \gamma$. Ces valeurs mises successivement dans la première équation conduisent à $M_1 m_1 = o$ d'une part, et à $M_1 m_1 + 2 M m \cos \gamma = o$ d'autre part. Il n'y a donc qui puisse convenir que la solution $\gamma' = 2\pi - \gamma$, et $\cos \gamma = -\frac{M_1 m_1}{2 M m}$

Notons en passant que, par la nature même de leur conjugaison, les cames du Behrens qui ne sont pas montées sur le même arbre, ne sauraient en aucune façon se faire équilibre.

— *La seconde partie de l'équilibration des rotatives* a pour but, comme la quatrième partie de l'équilibration des machines ordinaires, d'annuler les couples qui n'apparaissent que lorsque la rotation n'est pas uniforme. Avec une rotative quelconque, elle ne pourrait s'obtenir qu'en suivant la méthode, trop complexe pour être adoptée en pratique, que nous avons donnée à propos de cette quatrième partie. Mais, par suite de la nature de la conjugaison de ses deux arbres de couche dont les rotations sont égales et de sens contraire, le Behrens offre cet avantage tout à fait inattendu que l'équilibration qui nous occupe peut s'y effectuer tout naturellement. Il suffit pour cela de ne pas mettre de volant ou plutôt d'en employer deux exactement égaux et montés chacun sur un des arbres. D'un autre côté, s'il s'agissait de propulser un navire, l'arbre, qui ne commanderait pas l'hélice, devrait, au point de vue dont il s'agit, porter un volant ayant son moment d'inertie par rapport à son axe de rotation égal à celui de l'hélice.

§ IV. — **3. Couple de rotation et calage des cames du Behrens.** — L'équilibration entre elles des cames montées sur un même arbre favorise la constance du couple de rotation au point de vue de l'influence des poids. Mais, par contre, elle ne permet plus de disposer du calage des cames de façon à faire concourir à cette constance l'action de la vapeur, lorsque, le fonctionnement ayant lieu avec détente, cette action devient variable pendant le cours de chaque demi-révolution. En pareil cas, à l'aide d'épures *ad hoc*, on peut chercher d'abord par tâtonnement le calage sur chaque arbre des cames motrices entre elles donnant le plus de constance à la somme des deux couples moteurs produit par l'action de la vapeur sur les deux arbres de couche. Cela fait, on obtiendra l'équilibration des poids des cames du même arbre, tant par un calage convenable de la came à eau de cet arbre, si la rotative commande une pompe, que par l'emploi d'une certaine quantité de plomb placée à un endroit voulu de l'intérieur du pourtour d'une des cames; ou, au besoin, on aura recours à des contre-poids particuliers montés sur l'arbre.

Lorsque la détente est obtenue par le système Woolf, les cames motrices montées sur le même arbre se trouvent associées deux à deux; et leur calage entre elles par paire est imposé. (Voir 1re partie, § III-7.) On ne peut alors contribuer à favoriser par le calage des cames la constance du couple moteur total dû à l'action de la vapeur qu'autant qu'il y a plus d'une paire de cames par arbre.

Il y a encore une remarque importante à faire à propos du calage entre elles des cames à vapeur montées sur le même arbre. Nous avons dit au § II de la première partie que, sous l'action de la vapeur et des forces centrifuges, chaque came tend à avoir son dos collé contre les parois du cylindre, et, d'un autre côté, son moyeu et ses disques de portage appuyés contre leurs supports respectifs. Mais, si on s'arrange de façon à avoir deux cames à vapeur par arbre, et qu'on les cale à l'opposé l'une de l'autre on remarque, en suivant pas à pas ce qui se passe, que, quand une des cames tend à être portée d'un côté, l'autre tend à l'être du côté opposé. Bien que les poussées qui produisent ces effets, et qui proviennent des composantes suivant les rayons des cames des actions de la vapeur sur les profils de ces pièces, ne soient pas égales, il n'en est pas moins vrai qu'il n'y a plus qu'une des cames alternativement qui tend à être collée contre les parois du cylindre et avec moins de force que si elle était seule. L'effet qui nous occupe se trouve donc tout naturellement atténué par l'emploi de plusieurs cames à vapeur par arbre de couche et par la répartition de ces cames tout autour de l'arbre.— Mais quand le Behrens commande une pompe du même système, il faut pour obtenir un semblable résultat, faire entrer en ligne de compte les cames à eau, et prendre en considération les forces qui, du chef de ces cames, tendent à appuyer les arbres d'un côté ou de l'autre.

Il nous reste à ajouter qu'on peut, ainsi que nous l'avons annoncé au § II de la première partie, s'arranger de façon que les deux arbres du Behrens ne soient jamais ni menants ni menés, ce qui est un grand avantage pour prévenir tout choc entre les roues d'engrenage. — Supposons d'abord que la résistance soit constante et ne se trouve appliquée que sur l'un des deux arbres, comme dans le cas d'une hélice unique à commander. Dans ce cas, il suffira évidemment qu'il y ait deux cames montées sur chacun de ces arbres, et que ces cames soient calées de manière que leur couple moteur particulier ne soit nul en aucun point de la rotation. Il est à peine besoin d'ajouter qu'on devra d'ailleurs faire cadrer autant que possible cette combinaison avec la constance de la somme des couples moteurs des deux arbres, et avec l'équilibration de chaque série de cames autour de l'arbre correspondant. — Dans le cas d'une résistance encore constante, mais décomposée en deux parties appliquées chacune sur un des deux arbres de couche, il faudrait que le couple moteur relatif à chaque arbre ne variât point, ce qui ne pourrait se réaliser, si on fonctionnait à la détente, qu'avec plus de deux cames motrices par arbre. Dans cette combinaison, les roues dentées n'auraient à transmettre que les faibles variations de travail qui pourraient provenir du manque inévitable de parfaite égalité entre les travaux moteurs des deux arbres. — Enfin, quand le Behrens est employé à mouvoir une pompe du même système, il suffit de caler sur chaque arbre la came à eau par rapport aux cames motrices, de manière à ce que ses périodes de travail et de simple entraînement cadrent avec les périodes de même espèce de ces dernières cames. Dans cette combinaison, l'un des arbres commande à vrai dire l'autre pendant une demi-rotation. Mais comme cela a lieu pendant les périodes d'entraînement des cames de ce dernier, les engrenages n'ont qu'un faible effort de transmission à supporter. De plus, quand le renversement d'action d'un arbre se produit, il s'effectue sans choc ; car la résistance et la puissance passent simultanément des cames d'un des arbres sur les cames de l'autre arbre.

FIN DE LA DEUXIÈME ET DERNIÈRE PARTIE.

SOMMAIRE

PREMIÈRE PARTIE

LA ROTATIVE AMÉRICAINE BEHRENS

DEUXIÈME PARTIE

LA QUESTION DE LA STABILITÉ DES MACHINES

PARIS. — IMPRIMERIE SIMON RAÇON ET COMP., RUE D'ERFURTH, 1.

www.ingramcontent.com/pod-product-compliance
Ingram Content Group UK Ltd.
Pitfield, Milton Keynes, MK11 3LW, UK
UKHW020205200726
13856UKWH00003B/1213